郑国光◎主编

"我们的天气"丛书

天气预报准不准

周家斌　周志华　黄小玉◎编著

U0336999

气象出版社
China Meteorological Press

图书在版编目（CIP）数据

天气预报准不准 / 周家斌，周志华，黄小玉编著
. — 北京：气象出版社，2018.1

（我们的天气 / 郑国光主编）

ISBN 978-7-5029-6215-9

Ⅰ.①天… Ⅱ.①周… ②周… ③黄… Ⅲ.①天气预
报 – 普及读物 Ⅳ.① P45-49

中国版本图书馆 CIP 数据核字 (2018) 第 022686 号

Tianqi Yubao Zhun Buzhun
天气预报准不准

出版发行：气象出版社

地　　址：北京市海淀区中关村南大街 46 号　　　　邮政编码：100081

电　　话：010-68407112（总编室）　010-68408042（发行部）

网　　址：http://www.qxcbs.com　　　　E－m a i l：qxcbs@cma.gov.cn

责任编辑：颜娇珑　胡育峰　　　　　　　　　终　　审：张　斌

设　　计：符　赋　　　　　　　　　　　　　责任技编：赵相宁

印　　刷：北京地大天成印务有限公司

开　　本：710 mm×1000 mm　1/16　　　　印　　张：8.25

字　　数：125 千字

版　　次：2018 年 1 月第 1 版　　　　　　　印　　次：2018 年 1 月第 1 次印刷

定　　价：32.00 元

"我们的天气"丛书编委会

序

　　我们生活的方方面面——衣食住行，都与天气气候息息相关。天气气候，无时无刻不在影响着我们。

　　党的十八大提出"加强防灾减灾体系建设，提高气象、地质、地震灾害防御能力""积极应对全球气候变化""加强生态文明宣传教育""普及科学知识，弘扬科学精神，提高全民科学素养"。习近平总书记强调，"要组织力量，对异常天气情况进行研判，评估其现实危害和长远影响，为决策和应对提供有力依据"。党中央、国务院对气象工作做出的一系列重大战略部署和要求，无不彰显出对气象防灾减灾、应对气候变化的高度重视，无不彰显出对气象保障国家治理体系和治理能力现代化的殷切期望。

　　近年来，随着气象科技的快速发展，天气气候中的许多概念都有了新的内涵。随着气象服务领域的不断拓宽，气象越来越融入经济社会发展各领域，人们生产生活也越来越须臾离不开气象。如何通俗、科学地介绍气象科技、气象业务、气象防灾减灾知识，为大众揭开气象的神秘面纱，显得越来越重要。

　　中国工程院重点咨询项目"我国气象灾害预警及其对策研究"对近年来我国气象灾害及其影响、气象致灾的特点、气象致灾预警中存在的问题进行了全面的分析，并提出对策。研究发现，基层干部及群众，包括一些领导干部，对灾害发生的规律了解不够，在第一时间做好自救和防护的意识和能力亟待提高，急需加强科普宣传，提高全民对灾害的认识，增强群众自救能力。

　　在经济发展新常态下，各级党委和政府、社会各界对气象服务的需求将越来越多，重大自然灾害的国家治理对气象保障的要求将越来越高，气象为经济社会发展、人民幸福安康、社会和谐稳定提供坚强保障的责任将越来越大。但是，大众对气象科技的了解和理解还不够，全民气象意识还薄弱、气象知识还匮乏，特别需要加大力度，通俗易懂地传播气象科技、气象工作、减灾防灾、自救互救等知识。

气象服务让老百姓满意，是全体气象工作者的职业追求。人民群众能不能收得到、听得懂、用得上各种气象信息产品，是衡量公共气象服务效益的主要标准。让更多的民众认识气象，了解气象的基本规律，提高抵御自然灾害的意识和能力，是我们气象工作者义不容辞的使命。

为满足广大民众对气象科普的基本需求，由中国气象局气象宣传与科普中心、中国工程院环境与轻纺工程学部、气象出版社共同策划了"我们的天气"科普丛书，旨在向社会大众传播最新天气气候科学及防灾减灾知识。本丛书共分六册，分别是：《明天是个好天吗》《天气预报准不准》《天气与我们的生活》《我们如何改变天气》《科学应对坏天气》《天气与变化的气候》。每册各有侧重，又相互联系。气象科普存在专业性、前沿性、学科交叉性、难度大的特点，为保证内容的科学性，本书邀请了业界、学界的专家，设立以院士、专家为主编、副主编的丛书编委会，编委会成员由有关专家和科普作家组成。在此，向为本丛书的编撰和编辑出版做出贡献的所有专家表示衷心的感谢！

希望丛书的出版能为气象服务于人民生产、生活提供有益的帮助。同时，我也呼吁全社会动员起来，积极关注和参与应对气候变化，大力推进生态文明建设，为实现中华民族伟大复兴的"中国梦"而努力奋斗。

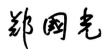

2015 年 3 月

郑国光，中国气象局原局长，现中国地震局局长。

前　言

本书系应气象出版社之邀而作，书名定为《天气预报准不准》。

气象与每个人的生活息息相关。不少人每天一早习惯通过看电视、听广播、上网了解当天的天气预报，增减衣物、准备雨具。农民需要根据天气情况安排播种、灌溉、收割等农业活动。各级政府每年紧盯降雨情况，做好汛期的防灾准备。沿海地区的人们则对台风的到来十分关注，因为台风天气不但不能出海捕鱼、航运，还要防止台风带来的次生灾害。

那么，天气预报是否准确呢？大家往往有不同的看法，争论、调侃、抱怨也不少。的确，在我们的生活中，难免遇到天气预报和实际情况有差距的现象。到底应该如何看待天气预报的准确率？不准确的主要因素有哪些？如何提高？本书就是想从一个专业工作者的角度面向普通大众回答这些问题。当然，为了说明关于天气预报准确率的一系列问题，我们首先还需要向读者介绍关于天气预报的一些基本知识，包括主要的天气系统、预报方法、灾害的种类等。

此前作者周家斌曾与老师叶笃正先生合作著有《气象预报怎么做如何用》一书，该书于 2009 年由清华大学出版社出版。

两书都是讲气象预报的，本书该如何定位？经与责任编辑胡育峰先生讨论，本书将突出如下特点：

（1）对气象预报业务多做介绍；

（2）对气象灾害的特点和影响多做介绍；

（3）对预报方法只做简要介绍，尽量减少两书内容的重复；

（4）对气象预报的准确率进行较为详细的讨论。

由于各种条件的限制，本书肯定尚有不足之处，敬请读者批评指正。

目　录

一、天气预报的基本原理

天气预报是大气科学研究的主要内容。大气科学是研究大气的各种现象（包括人类活动对它的影响）及其演变规律，以及如何利用这些规律为人类服务的一门学科。大气科学是地球科学的一个组成部分，研究对象主要是覆盖整个地球的大气圈。大气圈，特别是地球表面的低层大气，以及和它相关的水圈、冰雪圈、岩石圈、生物圈是人类赖以生存的主要环境。

大气的各种现象及其变化过程，既可带来雨泽和温暖，造福人类；也可造成酷暑严寒，以至旱、涝、风、雹等灾害，直接影响人类的生产和安全。人类在生产和生活的过程中，也在不断地影响着自然环境。如何认识大气中的各种现象，如何及时而又准确地预报未来的天气、气候，并对不利的天气、气候条件进行人工调节和防御，是人类自古以来一直不断探索的领域。随着科学技术和生产的迅速发展，大气科学在国民经济和社会生活中的巨大作用日益显著，其研究领域已经越出通常所称的气象学的范围。

现代天气预报是根据气象观（探）测资料，应用天气学、动力学、统计学的原理和方法，对某区域或某地点未来一定时段的天气状况做出定性或定量的预测。

气象要素

地球大气中的各种天气现象和天气变化都与大气运动有关。气象要素表征大气物理状态、物理现象。世界各地的气象台站所观测记载的主要气象要素有气压、气温、空气湿度、降水、风向风速、云、蒸发、辐射和能见度等。在这些主要的气象要素中，有的表示大气的性质，如气压、气温和湿度；有的表示空气的运动状况，如风向、风速；有的本身就是大气中发生的一些现象，如云、雾、雨、雪、雷电等。

气压

气压，即大气的压强，通常用单位横截面积上所承受的铅直气柱的重量表示。它的大小同高度、温度、密度有关，一般随高度增高呈指数递减。常用单位有毫巴（mb）、毫米水银柱高度（mm·Hg）、帕（Pa）、百帕（hPa）、千帕（kPa），其间换算关系是：1 mm·Hg=4/3 mb，1 mb=100 Pa=1 hPa=0.1 kPa。国际单位制通用单位为帕。

常用的测量气压的仪器有水银气压表、空盒气压表、气压计。

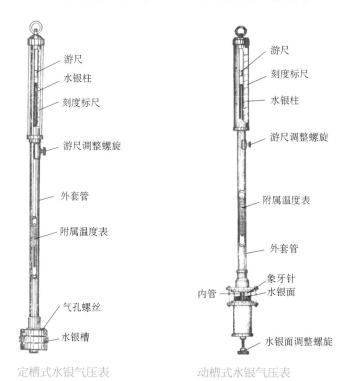

定槽式水银气压表　　　　　动槽式水银气压表

气温

大气的温度，表示大气冷热程度的量。在一定的容积内，一定质量的空气，其温度的高低只与气体分子运动的平均动能有关。当空气获得热量时，平均动能增加，气温也就升高。反之，平均动能减少，气温也就降低。

生活中，气温是用摄氏温度（℃）或华氏温度（°F）表示的，理论研究工作中则常用绝对温度（热力学温标）表示。换算关系是：

摄氏度 =5/9（华氏度 −32）；

摄氏度 = 绝对温度 −273.15。

地面大气温度一般指地面以上 1.25 ～2 米之间的大气温度。测量气温的仪器有温度表和温度计。

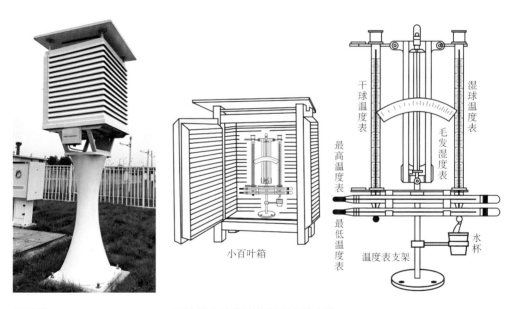

百叶箱　　　　　　　百叶箱内玻璃液体温度表的安装

空气湿度

表示空气中水汽量多少的物理量称为空气湿度。常用下述物理量表示：

1. 水汽压和饱和水汽压

水汽和其他气体一样，也有压力。空气中的水汽所产生的那部分压力称水汽压。它的单位和气压一样，也用百帕表示。在温度一定的条件下，单位体积空气中的水汽量有一定限度，如果水汽含量达到此限度，空气就呈饱和状态，这时的空气称饱和空气。饱和空气的水汽压称饱和水汽压。

2. 相对湿度

相对湿度（f）就是空气中的实际水汽压（e）与同温度下的饱和水汽压（E）的比值（用百分数表示），即

$$f = \frac{e}{E} \times 100\% \tag{1-1}$$

相对湿度直接反映空气距离饱和的程度。当其接近 100% 时，表明当时空气接近于饱和。当水汽压不变时，气温升高，饱和水汽压增大，相对湿度会减小。

测量湿度的仪器种类很多，有干湿球温度表、毛发湿度表、毛发湿度计、通风干湿表、手摇干湿表等。

3. 比湿

在一团湿空气中，水汽的质量与该团空气总质量（水汽质量加上干空气质量）的比值，称比湿。其单位是克/克（g/g），即表示每一克湿空气中含有多少克的水汽。也有用每千克质量湿空气中所含水汽质量的克数表示。

对于某一团空气而言，只要其中水汽质量和干空气质量保持不变，不论发生膨胀或压缩，体积如何变化，其比湿都保持不变。因此在讨论空气的垂直运动

时，通常用比湿来表示空气的湿度。

4. 露点

在空气中水汽含量不变、气压一定的条件下，使空气冷却达到饱和时的温度，称露点温度，简称露点。其单位与气温相同。在气压一定时，露点的高低只与空气中的水汽含量有关，水汽含量愈多，露点愈高，所以露点也是反映空气中水汽含量的物理量。在实际大气中，空气经常处于未饱和状态，露点温度常比气温低。因此，根据气温和露点的差值，可以大致判断空气距离饱和的程度。

上述各种表示湿度的物理量中，水汽压、比湿、露点表示空气中水汽含量的多寡，而相对湿度则表示空气距离饱和的程度。

降水

降水是指从天空降落到地面的液态或固态水，包括雨、雪、雨夹雪、霰、冰粒和冰雹等。降水观测包括降水量和降水强度：前者指降水落至地面后（固态降水则需经融化后），未经蒸发、渗透、流失而在水平面上积聚的深度，降水量以毫米（mm）为单位；后者指单位时间内的降水量，常用的单位是毫米/（10分钟）、毫米/时、毫米/天。测量降水的仪器有雨量器和雨量计等。

在高纬度地区冬季降雪多，还需测量雪深和雪压。雪深是从积雪表面到地面的垂直深度，以厘米（cm）为单位。当雪深超过5厘米时，则需观测雪压。雪压

称重式雨量计   雨量筒

是单位面积上的积雪重量，以克 / 厘米^2（g/cm^2）为单位。

降水量是表征某地气候干湿状态的重要要素，雪深和雪压还反映当地的寒冷程度。

风向和风速

空气相对于地面的水平运动称为风。风向指风的来向，最多风向是指在规定时间段内出现频数最多的风向。一般情况下，风向使用 8 方位，在气象观测中，风向使用 16 方位。海上多用 36 个方位表示；在高空则用角度表示。用角度表示风向，是把圆周分成 360°，北风是 0°，东风是 90°，南风是 180°，西风是 270°，其余的风向都可以由此计算出来。

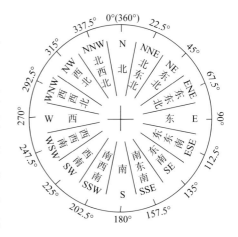

风向 16 方位图

风速是指单位时间内空气在水平方向运动的距离，单位用米 / 秒（m/s）或千米 / 时（km/h）表示。最大风速指某个时段内出现的 10 分钟平均风速最大值。极大风速指某个时段内的瞬时风速最大值。

云量

云是悬浮在大气中的小水滴、冰晶微粒或二者混合物的可见聚合群体，底部不接触地面（如接触地面则为雾），且具有一定的厚度。云量是指云遮蔽天空视野的成数。将地平面以上全部天空划分为 10 份，被云所遮蔽的份数即为云量。例如，碧空无云，云量为 0，天空一半为云所覆盖，则云量为 5。

测风塔

蒸发

蒸发是物质从液态转变为气态的相变过程。气象上，将一定时段内水由液态变成气态的量称为蒸发量，常用蒸发掉的水层深度表示，以毫米为单位。一般情况下，温度越高、空气湿度越小、风速越大或气压越低，蒸发越强。测定蒸发可在水面进行，但困难较多。

蒸发皿

气象台（站）上一般使用小型蒸发皿进行观测：在一定口径、一定深度的金属圆筒内放入一定量的净水，隔24小时后测定因蒸发而减少的水量，即为一天的蒸发量。

辐射

气象上常测定以下几种辐射：

1. 太阳短波辐射

（1）太阳直接辐射，指来自太阳圆面的立体角内投向与该立体角轴线相垂直的面上的太阳辐射。

（2）太阳散射辐射，指太阳辐射经过大气散射或云的反射，从天空 2π 立体角以短波形式向下到达地面的那部分辐射。

（3）太阳总辐射，指水平面上，天空 2π 立体角范围内接收到的太阳直接辐射与散射辐射之和。

（4）短波反射辐射，指总辐射到达

多种辐射测量综合系统

地面后被下垫面（作用层）向上反射的那部分短波辐射。

2. 地球长波辐射

（1）地面长波辐射，指由地球表面向上发射的辐射。

（2）大气长波辐射，或称大气逆辐射，指大气向下发射的辐射。

3. 全辐射

全辐射指太阳辐射与地球辐射之和。

4. 净辐射

净辐射指向下和向上（太阳和地球）的全辐射之差，即一切辐射的净通量。

在地面气象观测中，太阳总辐射采用总辐射表测量。测量各种辐射分量的仪器有绝对日射表、天空辐射表、直接日射表、净辐射仪等。

日 照

光电日照计

日照时数表示太阳在一地实际照射的时数，也称日照。观测量分为可照时数和实照时数，均以小时（h）为单位。可照时数是一天内可能的太阳光照时数，即一天内太阳中心从东方地平线升起，直到进入西方地平线之下的全部时间，由该地的纬度和日期决定。实照时数（即日照时数）是太阳直接辐照度达到或超过120瓦/米^{2}的那段时间总和，可用日照计测定。日照百分率，即实照时数与可照时数的百分比，可用来比较不同季节不同纬度的日照情况。

测定日照的常用仪器有暗筒式日照计和聚焦式日照计，也有用光电日照计的。

能见度

能见度，是反映大气透明度的一个指标，指视力正常的人在当时天气条件下，能够从天空背景中看到和辨出目标物的最大水平距离。单位用米（m）或千米（km）表示。

影响能见度的因子主要有大气透明度、灯光强度和视觉感阈。大气能见度和当时的天气情况密切相关。当出现降雨、雾、霾、沙尘暴等天气过程时，大气透明度较低，因此能见度较差。测量大气能见度一般可用目测的方法，也可以使用大气透射仪、激光能见度自动测量仪等测量仪器测量。

气象要素与人们的生产、生活息息相关，对整个人类活动产生着巨大的影响。各种气象要素的多年观测记录按不同方式进行统计所得的结果，是分析和描述气候特征及其变化规律的基本资料。

控制大气运动的基本定律

一切天气现象都与大气运动相关，尽管大气运动很复杂，但始终要遵循一定的物理定律。影响大气运动的因子也有很多，但大气运动总是受质量守恒、动量守恒、动能守恒等基本物理定律所控制。物质有固体、液体、气体之分。固体不能流动，液体和气体是能够流动的，因此统称流体。描写流体运动规律的科学叫流体力学。大气是流体中的一种，当然应该遵循流体力学的定律。1913年，科学家 V. 皮叶克尼斯（1862—1951 年）在一次演说中提出，把流体力学方程组应用到大气中。

影响大气运动的作用力

1. 气压梯度力

气压分布不均时产生气压梯度，由此使单位质量空气所受到的力称为气压梯度力。

气压梯度力具有以下性质：

（1）气压梯度力是由气压分布不均匀引起的。

（2）气压梯度力的方向由高压指向低压，垂直于等压线。

（3）气压梯度力的大小与气压梯度成正比，与空气的密度成反比，即等压线越密集，气压梯度越大。而在同样的气压梯度下，高处的风就比低处的风大，因为高空的空气密度小。

（4）水平气压梯度力比垂直气压梯度力小很多：水平方向100千米相差1百帕；垂直方向:8～10米相差1百帕。由于向上的气压梯度力与向下的重力达到准静力平衡，所以虽然垂直方向上的气压梯度力大，但运动不明显。而水平方向上力虽小但运动明显，故大气基本上是准水平运动。

2. 地转偏向力

地转偏向力，是由于地球自转运动而作用于地球上运动质点的偏向力，又称科里奥利力、科氏力。在大尺度的空气运动中，地转偏向力是一个非常重要的力。

地转偏向力具有如下性质：

（1）地转偏向力只是在物体相对于地面有运动时才产生，物体处于静止状态时，不受地转偏向力的作用。

（2）在北半球地转偏向力垂直指向物体运动方向的右方，使物体向原来运动方向的右方偏转，在南半球则相反。

（3）地转偏向力是一个视示力，它垂直于空气运动方向，只改变空气运动的

方向，不改变空气相对于地球的运动速度。

（4）水平地转偏向力的大小同风速和所在纬度的正弦成正比。在风速相同的情况下，它随纬度的减小而减小，到赤道上减为零。在两极最大。

3. 摩擦力

两个相互接触的物体做相对运动时，接触面之间所产生的一种阻碍物体运动的力，称为摩擦力。大气运动中所受到的摩擦力，一般分为内摩擦力和外摩擦力两种。内摩擦力是在速度大小不同或方向不同的相互接触的两个空气层之间的一种相互牵制的力，它主要通过湍流交换作用使气流速度发生改变，也称为湍流摩擦力。其数值很小，往往不予考虑。外摩擦力是空气贴近下垫面运动时，下垫面对空气运动的阻力。它的方向与空气运动方向相反，大小与空气运动的速度和摩擦系数成反比。

4. 惯性离心力

惯性离心力，是物体在做曲线运动时所产生的由运动轨迹的曲率中心沿曲率半径向外作用的力。这个力是物体为保持惯性方向运动而产生的，因而叫惯性离心力。惯性离心力和向心力方向相反，同运动的方向相垂直，自曲率中心指向外缘，其大小同物体转动的角速度的平方和曲率半径的乘积成正比。

惯性离心力具有以下性质：

（1）方向垂直于地轴，指向地球外侧。

（2）大小随纬度变化：赤道最大，极地最小。

（3）地表上每个静止物均受到惯性离心力的影响。

5. 重力

地心引力与惯性离心力的合力，称为重力。

重力具有如下性质：

（1）重力的方向除赤道和极地外，均不指向地心，由于地球为椭圆形，地球上重力垂直于当地水平面，向下。

（2）重力的大小随纬度变化，极地最大，赤道最小。

大气运动基本方程组

下面就是描述天气系统变化过程的流体力学方程组：

$$\frac{\partial \boldsymbol{V}}{\partial t} + (\boldsymbol{V}-\boldsymbol{\nabla}_3)\boldsymbol{V} + 2\boldsymbol{\Omega}\times\boldsymbol{V} - g + \frac{1}{\rho}\boldsymbol{\nabla}_3 p = \vec{D}_M \qquad (1\text{-}2)$$

$$\frac{\partial \rho}{\partial t} + \boldsymbol{\nabla}_3 \cdot (\rho\boldsymbol{V}) = 0 \qquad (1\text{-}3)$$

$$c_v\frac{\partial T}{\partial t} + c_v\boldsymbol{V}\cdot\boldsymbol{\nabla}_3 T + \frac{p}{\rho}\boldsymbol{\nabla}_3\cdot\boldsymbol{V} = Q + D_H \qquad (1\text{-}4)$$

$$\frac{\partial q}{\partial t} + \boldsymbol{V}\cdot\boldsymbol{\nabla}_3 q = \frac{S}{\rho} + D_q \qquad (1\text{-}5)$$

$$p = R\rho T \qquad (1\text{-}6)$$

式（1-2）为运动方程。方程的左端有 5 项，右端有 1 项。左端第一项表示风速随时间的变化，就是大气的运动情况随时间的变化。第二项叫平流项，表示因风速空间分布不均匀引起的流动，风速大的地方推着空气向风速小的地方流动。这种分布不均匀表现在水平方向，也表现在垂直方向。第三项为地转偏向力，表示地球的转动对大气运动的影响。第四项表示重力对大气运动的作用。第五项为气压梯度力，表示气压不均匀对大气运动的作用。气压高的地方把大气向气压低的地方推，就像人多的地方向人少的地方挤一样。右端的项表示外力对大

气运动的作用，例如摩擦力使运动变慢。

式（1-3）为连续方程。一个地方空气密度随时间的变化是由空气的流入或流出引起的。连续方程就是说明这一事实的。其中左端第一项表示大气密度随时间的变化。第二项表示空气的流入或流出，空气的流入使密度增大，空气的流出使密度变小。

式（1-4）为热力学方程。左端第一项表示一个地方空气温度随时间的变化。第二项叫温度的平流变化，就是空气温度的空间分布不均匀引起的温度变化。冷空气来了天气变冷，暖空气来了天气转暖，上升运动使温度降低，下沉运动使温度升高。第三项叫垂直平流，就是由空气的垂直方向分布不均匀引起的温度变化。右端第一项叫非绝热项，表示外界热量的输送，包括太阳辐射的影响，地面和洋面与大气间的热量交换，水汽凝结和蒸发引起的热量变化。第二项叫耗散项，就是外界对热量的消耗。

式（1-5）为水汽方程，表示水汽的各种变化，与热力学方程类似。

式（1-6）为状态方程，表示温度、气压、密度之间的关系。

这样，运动方程、连续性方程、热力学方程、水汽方程及状态方程构成了描述大气运动的基本方程，也是天气预报的基本理论基础。

天气系统

根据上节大气运动方程，结合天气图的应用，总结出了天气系统的概念。所谓天气系统，是伴随一定天气的大气运动形式，即大气中引起天气变化的不同大小的系统。

按照水平范围的大小和生存时间的长短，可将天气系统分为不同的尺度。根据世界气象组织（WMO）在 2012 年工作报告中给出的各类天气现象的水平尺度分类依据，可分为如下五类：

（1）微尺度（水平尺度小于 100 米），如农业气象中所说的蒸发量。

（2）地形尺度或局地尺度（水平尺度 100～3 000 米），如空气污染、龙卷。

（3）中尺度（水平尺度 3～100 千米），如雷暴、海风和山风。

（4）大尺度（水平尺度 100～3 000 千米），如锋面、各种气旋、云团。

（5）行星尺度（水平尺度大于 3 000 千米），如对流层高层的长波。

各种不同尺度的天气系统有其不同的特性，他们之间是互相联系、互相制约的，也可互相转化。通过对不同天气系统的特征及其相互关系的分析，来认识天气现象演变的规律，据以制作天气预报。

小尺度天气系统往往在大尺度天气系统孕育下发展，小尺度天气系统成长壮大后又给大尺度天气系统以反作用。各类天气系统都在一定地理环境中形成和发展，具有一定地理环境特征。如高纬地区终年严寒干燥，则是极地低层冷高压和高空极涡形成的必要条件；低纬地区终年高温潮湿，是对流性天气系统发展的基础；中纬地区冷、暖气团交绥，则有利于锋面、气旋的形成与发展。因此，掌握天气系统结构及其变化规律对预报天气变化和认识气候的形态与特点都是极其重要的。在天气预报中通过对于各种系统的预报，可以大致预报未来一段时间内的天气变化。许多天气系统的组合，构成大范围的天气形势，乃至全球的大气环流。

天气系统根据高度不同可以分为地面天气系统和高空天气系统。其中地面天气系统有气旋、反气旋、锋面、中尺度低压（辐合线）、露点锋等；高空天气系统有高压、低压、脊、槽等。天气系统太重要了，它们是天气变化的始作俑者。下要介绍几种常见的地面天气系统及高空天气系统。

地面天气系统

1. 气旋与反气旋

气旋（图 1-1）指的是中心气压比四周低的水平空气涡旋，气压场上又称低气压（简称低压）。在北半球的气旋中，空气逆时针旋转并偏向低压中心吹；在南半球的气旋中，空气顺时针旋转并偏向低压中心吹。气流向一地汇合的过程叫辐合。气流辐合到低压中心后，入不了地，就只好上升。因此气旋（低压）中心有上升运动。气旋中的空气辐合上升，湿空气在上升过程中降温凝结，产生降水。所以常听天气预报员说低压（气旋）要来了，天气要转坏了。

反气旋（图 1-2）指的是中心气压比四周气压高的水平空气涡旋，气压场上又称高气压（简称高压）。在北半球的反气旋中，空气顺时针旋转并偏向高压之外吹；在南半球的反气旋中，空气逆时针旋转并偏向高压之外吹。气流从一地向四周散开的过程叫辐散。地面高压中心的空气流走后，高空的空气就下来填补，因此反气旋（高压）中心有下沉运动。反气旋中空气下沉辐散，天气晴朗。所以常听天气预报员说高压（反气旋）要来了，天气要转晴了。

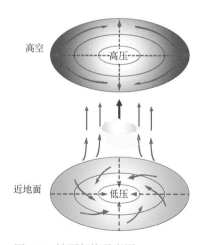

图 1-1　地面气旋示意图

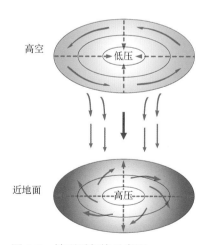

图 1-2　地面反气旋示意图

气旋和反气旋经常走马灯似地你来我往，形成一个地方多变的天气。

台风是发生于西太平洋和南海的、底层中心附近最大风力达到 12 级及以上的热带气旋。台风的中心为台风眼，其直径一般在几十千米；包围台风眼的是圆桶状的台风眼壁，眼壁内的对流非常强烈；眼壁外围是围绕着台风中心运动的螺旋风雨带如图 1-3 所示。

图 1-4 是我国"风云二号"气象卫星观测到的 2016 年超强台风"莫兰蒂"的红外云图。可以看到明显的台风眼及螺旋云带。

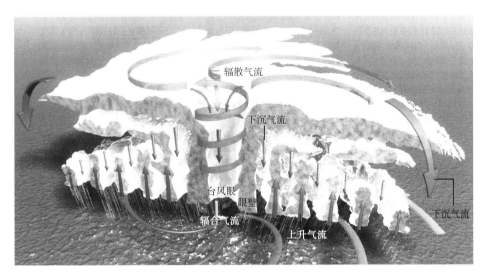

图 1-3 台风垂直剖面示意图

图 1-4 2016 年超强台风"莫兰蒂"卫星云图

2. 气团

气团是性质均一的一团空气，这团空气范围可达几千千米。所谓性质均一，并不是指物理性质完全一样，而是指在大范围内温度、湿度变化不大。比如说，在几百千米范围内的温度差别不过一二摄氏度。气团因其源地分成若干类，其中最重要的有两种，一种是极地大陆气团，一种是热带海洋气团。极地大陆气团低温干燥，属冷气团；热带海洋气团高温湿润，属暖气团。

不管是极地大陆气团，还是热带海洋气团，只能在它的老家保持原来的性质。一旦离开故土，它的性质就要发生改变。比如说，北半球的极地大陆气团南下时，在长途跋涉过程中将受到地面加热的影响。同样，北半球的热带海洋气团北上时，也会受到地面冷却的影响。所有这些，都会导致气团变性，使之成为变性气团。

3. 锋面

锋面指密度（热力）不同的气团之间的狭窄过渡带，通俗地讲就是冷暖气团的过渡带，亦称锋、锋区。冷、暖气团移动方向不同，速度各异，因而常常相遇。比如说，极地大陆气团从西北方向南下，热带海洋气团从东南方向北上，二者在我国大陆相会，就形成锋面。冷气团推着暖气团走时，其界面就称为冷锋（图1-5）。暖气团推着冷气团走时，其界面就称为暖锋（图1-6）。冷、暖气团势均力敌谁也推不动谁时，其界面称为准静止锋（图1-7）。冷、暖锋面相遇并合并后形成的锋称为锢囚锋（图1-8）。

图1-5 冷锋示意图

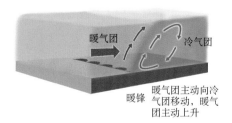

图1-6 暖锋示意图

图 1-7　准静止锋示意图

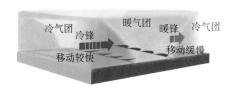

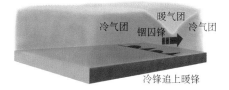

图 1-8　锢囚锋示意图

　　在天气图上，冷锋用带有三角形的粗线表示，三角形所指方向为锋面前进的方向；暖锋用带有半圆形的粗线表示，圆弧形所指方向为锋面前进的方向；准静止锋用同时带三角形和半圆形的粗线表示。有些天气图上用彩色线条表示锋面。冷锋用蓝色，暖锋用红色，准静止锋用红、蓝色双线条。如图 1-9 所示。

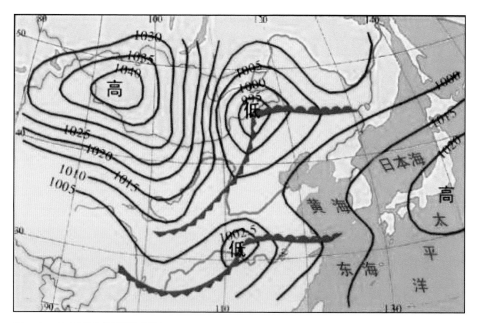

图 1-9　地面图上锋面示意图

由于锋面为性质差异很大的不同性质气团交界处，因而锋面附近气象要素（温度、湿度、气压、风等）的变化必然剧烈。如此剧烈的变化，不可能在一条线上完成，因此一个气团向另一个气团的过渡实际上是在一个区域里完成的。锋区当然不仅限于地面，而是一个立体的现象。锋区在垂直方向上宽下窄，因此锋区的形态非常像一条河的河床。锋区在地面宽数十千米，在高空宽数百千米。地面上数十千米的锋区宽度实在不算什么，常常小于气象站之间的距离，因此地面天气图上锋区画成一条线。锋区在垂直方向一般有一两千米高，高的锋区有十几千米高，强烈的锋区甚至直插对流层顶。

4. 锋面气旋

地面气旋一般和锋面联系在一起，我们称之为锋面气旋。它是我国北方中高纬度地区常见的天气系统。

如图 1-10 所示，这是一个低气压区域，根据北半球风向的画法可确定它的东部吹偏南风，西部吹偏北风。低气压向外延伸的狭长区域称为低压槽，如同地形上的山谷，图中 AB、CD 为两条槽线。

锋面一般形成于地面气旋的低压槽中。图中气旋东部偏南风来自较低的纬度，气温较高，当它向北移动时，遇到较高纬度的冷空气就形成了暖锋（图中 CD 附近）。同样的，气旋西部气流是来源于北方高纬度地区的偏北风，南下会遇到较低纬度的暖空气而形成冷锋（图中 AB 附近），这样地面天气系统中的锋面气旋便形成了。北半球的气旋是一个按逆时针方向流动的旋涡，它同样也带着已生成的锋面随气流呈逆时针方向移动。

锋面气旋系统形成之后，将会对原有的单一天气系统控制下的天气产生什么影响呢？

由于气流从四面八方流入气旋中心，中心气流被迫上升而凝云致雨，所以气旋过境时，云量增多，常出现阴雨天气，即气旋雨。在锋面天气系统中，无论冷锋还是暖锋，锋面上方的暖气团都是沿锋面抬升的，都将形成有云和降水的天气，即锋面雨。当两种系统结合在一起形成锋面气旋后，将辐合成更强烈的上升气流，天气变化将更为剧烈，往往会产生云、雨甚至造成暴雨、雷雨、大风天气。

在图 1-10 中，冷锋和暖锋的降水区域会略有不同。因冷气团密度大于暖气团，冷气团始终位于暖气团之下，锋面始终倒向冷气团一侧，降水区域总是位于锋面的冷气团的一侧，图中在 CD 前方会形成宽阔的暖锋云系和相伴随的连续性降水天气，在 AB 后方会形成狭窄的冷锋云系和降水天气。气旋中部（冷锋雨区与暖锋雨区之间）则是单一暖气团控制下的晴好天气。温带气旋是典型的锋面气旋。

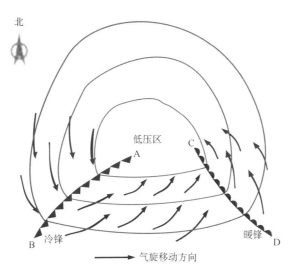

图 1-10　锋面气旋形成示意图

高空天气系统

在具体介绍高空天气系统之前，首先介绍一下什么是地转风。

在高空，空气的运动主要受两个力的作用，一个是由于气压分布不均匀形成的气压梯度力，一个是由于地球自转而产生的地转偏向力。通常这两个力处于平衡状态，这时风便沿着等压线吹，这种风就叫作地转风。等压线密集，表示气压梯度力强，相应的地转风的风速大。等压线稀疏表示气压梯度力弱，相应的地转风的风速小。北半球，一个人背风而立，低压在左，高压在右；南半球，情况正好相反（图 1-11）。

图 1-11　北半球地转风示意图

（"低"为低压，"高"为高压，线条为等压线，等压线上的数字是气压的数值，单位为百帕；形如字母"F"的符号为风矢，长竖线为风向杆，短横线为风羽（表示风速），垂直于风向杆末端，风羽所在的一端指向风的来向）

1. 西风带槽脊

中高纬度地区高空盛行着波状的西风带气流，西风带槽脊可以看成是叠加在西风气流上的波动。波谷对应着高空低压槽（高空槽），即从低压中延伸出来的狭长区域，中间的高度比两边低，天气图上将等压线曲率最大处的连线称为槽线。同理，波峰对应着高空高压脊（高空脊），相应位置的连线称为脊线（图1-12）。高空槽、脊一般相伴出现。

一般槽前脊后多为暖湿的西南气流，有强烈的上升运动，因此多阴雨天气；槽后脊前为干燥的西北下沉气流，故多晴朗天气。即槽的出现多预示将有坏天气，因此，在天气预报工作中，一般不画脊线，只画槽线，如图1-13。

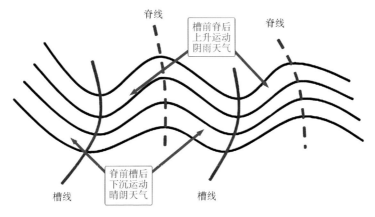

图 1-12　西风槽脊示意图

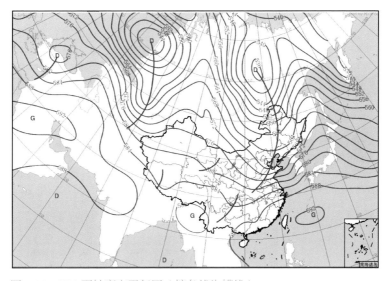

图 1-13　500 百帕高空天气图（棕色线为槽线）

2. 切变线

切变线是水平风场中风向或风速的不连续线，即两股不同方向呈气旋性旋转（北半球呈逆时针方向）的水平气流的分界线。多出现在西风槽南段移速慢于北段成为横槽时或产生于两高压之间。它常和地面锋系配合，是主要降水天气系统之一。

切变线一般是指低空 850 百帕或 700 百帕等压面上的天气系统。在切变线上，经常存在气流的水平辐合和上升运动，容易产生云雨天气。切变线一年四季均可出现，但以春末夏初最为频繁。春季活动在华南，称为华南切变线；春夏之交多位于江淮流域，称为江淮切变线；7月中旬至8月主要出现在华北地区，称为华北切变线。切变线上的降水量分布很不均匀，常在辐合较强、水汽供应充沛的地区形成暴雨。

切变线根据形成的气压系统可分为冷锋式切变、暖锋式切变和准静止锋式切变线（图1-14）。

冷锋式切变　　　　　暖锋式切变　　　　　准静止锋式切变

图1-14　切变线种类示意图

冷锋式切变：这种切变线，一般在切变线的北面为偏北风，南面为西南风。它通常与空中槽相联系，自偏北向偏南移动，其降水区多位于切变线的南侧。华北地区的经验指出：夏季当850百帕图上切变线北面的偏北风大于5米/秒，南面的西南风大于10米/秒时，则可能出现暴雨。

暖锋式切变：这种切变线一般在线的北面为东南风，南面为西南风。它通常与低涡或台风倒槽相联系。其所产生的降水多分布在偏东风的区域里。经验指出：当切变线的南侧出现12米/秒以上的西南风时，则可能出现暴雨。

准静止锋式切变：这种切变线多呈东西走向，在切变线两侧的风向相反，且与切变线近于平行，一般在切变线北面为偏东风，南面为偏西风。这种切变辐合量小，通常只能产生较弱的降水，降水带也不宽，分布在切变线附近，但是如有低涡沿切变线东移也可造成较强的降水，甚至暴雨。

3. 高空低涡

高空天气图上的气旋式涡旋。中心温度往往比四周低，故又有冷涡之称。低涡范围较小，一般只有几百千米。它存在和发展时，在地面图上可诱导出低压或使锋面气旋发展加强。低涡区内有较强的空气上升运动，为降水提供有利条件。若水汽充沛，大气又呈不稳定状态，则低涡常产生暴雨。低涡形成后大多在原地减弱、消失，只引起源地和附近地区的天气变化。而有的低涡随低槽或高空引导气流东移，并不断得到加强和发展，雨区扩大，降水增强，易形成暴雨。这样的低涡常常成为影响中国江淮流域甚至华北地区的天气系统（图 1-15）。

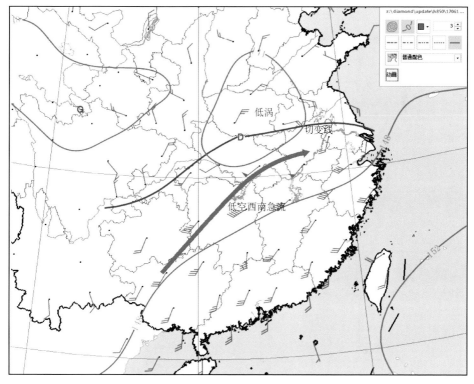

图 1-15　2017 年 6 月 10 日 08 时 850 百帕高空观测图

低涡有两种：一种是尺度较小的短波系统，多存在离地面 2～3 公里的低空，如西南涡、西北涡、高原涡等，它们东移后，对中国东部广大地区降水都有影响（如图 1-15 中的低涡）；另一种是尺度较大的长波系统，从低空到高空都有表现，是比较深厚的系统，如东北冷涡、华北冷涡等。受东北冷涡影响的地区，常出现强对流天气，如冰雹、暴雨等。

4. 急流

急流是大气层中一股强而窄的气流。分为高空急流和低空急流。

　　高空急流：出现在对流层顶附近或平流层中。一般指风速大于或等于30米/秒的强风带。在这股强气流中，风速的水平切变为每100千米5米/秒，垂直切变为每千米5～10米/秒。高空急流长度可达几千千米，宽几百千米，厚几千米。急流区大多与对流层上层水平温度梯度很大的锋区相对应，因而也和天气系统的发生、发展有密切关系。在对流层上层已经发现有下列三种急流：温带急流、副热带急流和热带东风急流。在平流层里还发现了极夜西风急流。

　　低空急流：一般出现在1 500～3 000米的中低空。急流中一般为12米/秒左右的强西南风，有时可高达16米/秒，其平均长度1 000～2 000千米，宽数百千米。对我国有较大影响的低空急流为低空西南急流（如图1-15所示），常在华南前汛期和江淮梅雨期间出现。由于低空西南急流可从海洋上输送大量暖湿空气到我国华南、江淮等地区。因此，常在急流左侧附近出现大暴雨。

5. 副热带高压

　　副热带高压是指位于南北半球纬度20°～40°对流层副热带地区的暖性高压系统。副热带高压主要位于大洋上，常年存在，按不同的地理位置，分别称为北太平洋高压、北大西洋高压、南太平洋高压、南大西洋高压和南印度洋高压。副热带高压还可分裂为更小的高压单体，有的小单体也可以位于大陆上。如冬季位于南海地区的单体，称为南海高压。副热带高压对中、高纬度地区和低纬度地区之间的水汽、热量、能量的输送和平衡起着重要的作用，是大气环流的一个重要系统。

　　对我国天气与气候有着重要影响的暖性高压是西太平洋副热带高压。西太平洋副热带高压的位置随季节而变化，一般在10°～40°N活动。

　　副热带高压内部盛行下沉气流，对应地面天气晴好，当副热带高压长时间控制某一地区时，往往会造成该地区干旱。西太平洋副热带高压的北侧是中纬度西风带，也是副热带锋区所在，副热带高压西部的偏南气流可以从海面上带来充沛的水汽，并输送到锋区的低层，在副热带高压的西到北部边缘地区形成一暖湿气流输送带，向副热带高压北侧的锋区源源不断地输送高温、高湿的气流。当西风带有低槽或低涡移经锋区上空时，在系统性上升运动和不稳定能量释放所造成的上升运动的共同作用下，使充沛的水汽凝结而产生大范围的降水形成雨带，通常还伴有暴雨。在副热带高压南侧盛行东风，容易形成东风扰动及台风等。副热带高压如同一把伞，它的形状、位置决定了我国主要雨带的分布与变化（图 1-16）。

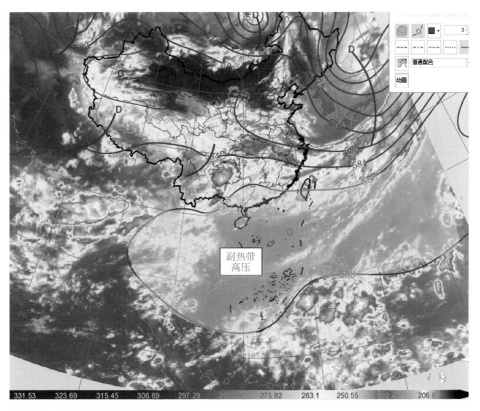

图 1-16　副热带高压与红外云图叠加

天气系统的演化消亡

天气系统总是处在不断地新生、发展和消亡之中。各种天气系统有不同的生消条件和能量来源。即使特征尺度同属一类的系统，其生消条件和能量来源也有所不同。比如温带气旋的发展条件，主要由其上空涡度平流所引起的空气辐散的强弱决定，其能量来源于大气的斜压性所储存的有效势能。台风的发生和维持是由于热带扰动的潜热释放，而潜热的释放同热带大气的位势不稳定和对流不稳定有关，其能量主要来源于海洋供给的水汽在凝结过程中释放的潜热。强对流性的中小尺度天气系统，主要是由于位势不稳定，空气受到急剧抬升而发展起来的，其能量也是来源于潜热释放。

再者，天气系统往往不是闭合的，一个系统的空气经常不停地与周围系统的空气发生交换，随着这种交换，系统与系统之间的动量、能量等进行交换，从而引起系统的生消以及系统之间的相互作用。一般来说，大的天气系统制约并孕育着小的天气系统的发生和发展，小的天气系统产生后又能对大的天气系统的维持和加强起反馈作用。

研究天气系统生消的条件和能量来源，以及研究系统之间的相互作用是天气学的主要任务之一。天气系统与大气环流之间，不仅在流型上有关联，而且存在着内在的联系。如大尺度天气系统的活动，通过热量、动量的南北输送以及能量的转换，对于大气环流的维持起着重要作用。而大气环流的热力状况和基本风系的特点，如西风气流的水平变化和垂直变化等，又反过来制约着大尺度天气系统，直接影响着大尺度天气系统的发展。天气系统组合的演变，如纬向环流的恢复，波动群速的传播，以及行星尺度天气系统的发展等，可以导致相当广泛地区甚至全球范围大气环流的变化。大气环流的变化又可造成大范围长时期天气变化的条件和机制。

从事短期天气预报，可以主要考虑单一的天气系统的变化，而从事中期、长期天气预报则需要研究天气系统组合的演变规律，需要研究超长波以至整个大气环流的演变规律。

图 1-17 给出了 2016 年第 14 号台风"莫兰蒂"的生成、发展及消亡过程。

2016 年 09 月 10 日 14 时，台风"莫兰蒂"在西北太平洋上生成，其强度为热带风暴级；9 月 12 日 11 时已经加强为超强台风；14 日台风移近我国东南部，由于地面摩擦的作用，台风快速减弱；15 日凌晨 03 时 05 分正式登陆厦门后以每小时 20 千米左右的速度向西北方向移动，随后转向偏北方向移动，于 16 日凌晨到上午在江西境内减弱为热带低压。

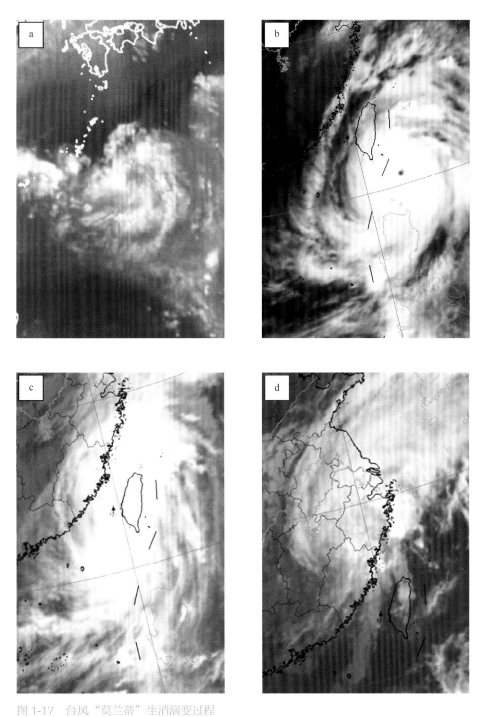

图 1-17　台风"莫兰蒂"生消演变过程

a.9月10日14：00时；b.9月13日23：00时；c.9月14日17：30时；d.15日19：00时。

大气环流

　　大气环流，一般是指具有全球规模的、大范围的大气运行现象，既包括平均状态，也包括瞬时现象，其水平尺度为数千千米，垂直尺度在 10 千米以上，时间尺度为数天。某一大范围的地区（如欧亚地区、北半球、全球），某一大气层次（如对流层、平流层、中层、整个大气圈），在一个长时期（如月、季、年、多年）的大气运动的平均状态或某一个时段（如一周、梅雨期间）的大气运动的变化过程都可以称为大气环流。

　　大气环流形成原因：一是太阳辐射，这是地球上大气运动能量的来源，由于地球的自转和公转，地球表面接受太阳辐射能量是不均匀的。热带地区多，而极区少，从而形成大气的热力环流。二是地球自转，在地球表面运动的大气都会受地转偏向力作用而发生偏转。三是地球表面海陆分布不均匀。四是大气内部南北之间热量、动量的相互交换。以上种种因素构成了地球大气环流的平均状态和复杂多变的形态。

大气环流的基本状况

　　平均纬向环流：指大气盛行的以极地为中心并绕其旋转的纬向气流，这是大气环流的最基本的状态。就对流层平均纬向环流而言，低纬度地区盛行东风，称为东风带（由于地球的旋转，北半球多为东北信风，南半球多为东南信风，故又称为信风带）；中高纬度地区盛行西风，称为西风带（其强度随高度增大，在对流层顶附近达到极大值时称为西风急流）；极地还有浅薄的弱东风，称为极地东风带。

　　平均水平环流：指在中高纬度的水平面上盛行的叠加在平均纬向环流上的波状气流（又称平均槽脊），通常北半球冬季为三个波，夏季为四个波，三波与四波之间的转换表征季节变化。

　　平均径圈环流：指在南北垂直方向的剖面上，由大气经向运动和垂直运动所构成的运动状态。以北半球为例，对流层的径圈环流存在三个圈：低纬度是正向环流或直接环流（气流在赤道上升，高空向北，中低纬下沉，低空向南），又称为哈得来环流；中纬度是反向环流或间接环流（中低纬气流下沉，低空向北，中高纬上升，高空向南），又称为费雷尔环流；极地是弱的正向环流（极地下沉，低空向南，高纬上升，高空向北）。南半球与北半球类似，如图 1-18 所示。

图 1-18　大气环流示意图

　　纬向风比经向风大得多，说明地球上空大气运动基本上是环绕着纬圈自东向西（东风）或自西向东（西风）运动的。南北向的空气交换冬强夏弱。经向风量级很小，但作用很大，有利于角动量、热量和水分的输送。

　　大气环流是完成地球–大气系统角动量、热量和水分的输送和平衡，以及各种能量间的相互转换的重要机制，又同时是这些物理量输送、平衡和转换的重要结果。因此，研究大气环流的特征及其形成、维持、变化和作用，掌握其演变规律，不仅是人类认识自然的重要组成部分，而且还将有利于改进和提高天气预报的准确率，有利于探索全球气候变化，以及更有效地利用气候资源。

东亚环流基本特征

　　东亚地区位于全球最大陆地的东岸，又濒临最大的海洋。其西部有地形十分复杂的高原，海陆之间的势力差异和高原的热力、动力作用，使得东亚地区成为一个全球著名的季风区，具有冷干的冬季与热湿的夏季。天气气候差异比同纬度其他地区悬殊得多，相应的环流特征和天气过程也都具有明显的季节变化。

我国各季节环流概况和主要天气过程的特点

中国大部分地区冬、夏风向更替明显。冬季气流主要来自高纬大陆，盛行偏北风；夏季气流来自低纬海洋，多吹偏南风。冬季受冬季风控制，气候干冷、风大。夏季东部广大地区主要受夏季风影响，气候湿热、多雨。春、秋季节为冬、夏季风控制的气流相互作用，天气冷暖，晴雨多变。

中国东南部地区受季风影响，雨季起讫规律性明显，具有干、湿季明显，四季分明的特点。雨季开始南部早、北部迟，东部早、西部迟；雨季结束北部早、南部迟，西部早、东部迟。降水以季风雨为主，降水的地区分布也不均匀，东部近海多雨，西部干旱少雨；南部比北部多雨。北部冬季干冷、夏季湿热，温度年变化与日变化比南部大，具有南北各地温度和湿度相差大，冬季比夏季相差更大的特点。

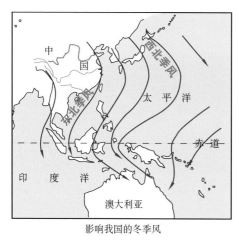 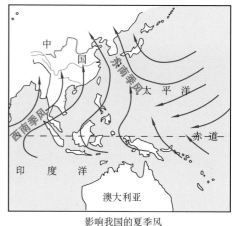

影响我国的冬季风　　　　　　　　　　影响我国的夏季风

天气图

　　天气图是指填有各地同一时间不同高度上气象要素的特制地图。在天气图底图上，填有各城市、测站的位置以及主要的河流、湖泊、山脉等地理标志。气象科技人员根据天气分析原理和方法进行分析，从而揭示主要的天气系统，天气现象的分布特征及其相互关系。天气图是目前气象部门分析和预报天气的一种重要工具。

　　1820 年，德国 H.W. 布兰德斯将过去各地的气压和风的同时间观测记录填入地图，绘制了世界上第一张天气图。1851 年，英国 J. 格莱舍在英国皇家博览会上展出第一张利用电报收集各地气象资料而绘制的地面天气图，是近代地面天气图的先驱。20 世纪 30 年代，世界上建立高空观测网之后，才有高空天气图。

　　天气图按图面范围的大小，分为全球天气图、半球天气图、洲际天气图、国家范围天气图和区域天气图等。天气图上的气象观测记录，由世界各地的气象站用接近相同的仪器和统一的规范，在相同时间观测后迅速集中而得。地面天气图每天绘制四次，分别用北京时间 02 时、08 时、14 时、20 时（即世界时 18 时、00 时、06 时、12 时）的观测资料；高空天气图一天绘制两次，用北京时间 08 时和 20 时（即世界时 00 时和 12 时）的观测资料。

　　天气图一般分为地面天气图、高空天气图和辅助图三类。

地面天气图

　　地面天气图，是用于分析某大范围地区某时的地面天气系统和大气状况的图，也称地面图。在此图某气象站的相应位置上，用数值或符号填写该站某时刻的气象要素观测记录。所填的气象要素有：气温、露点、风向和风速、海平面气压和 3 小时气压倾向、能见度、总云量和低云量、低云高、现在天气和过去 6 小时内的天气、过去 6 小时降水量、特殊天气现象（如雷暴、大风、冰雹）等。根据各站的气压值绘制等压线，分析出高、低气压系统的分布；根据温度、露点、天气分布，分析并确定各类锋的位置。这种天气图综合表示了某一时刻地面锋面、气旋、反气旋等天气系统和雷暴、降水、雾、大风和冰雹等天气所在的位置及其影响的范围（图 1-19）。

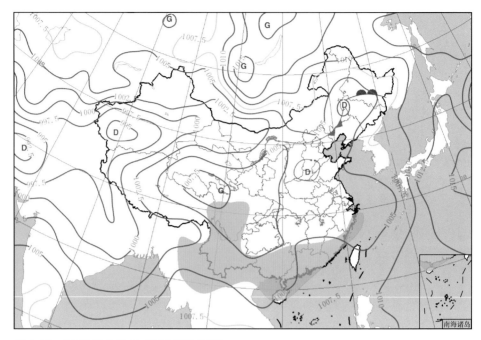

图 1-19　2017 年 6 月 20 日 08 时地面图

高空天气图

　　高空天气图，是用于分析高空天气系统和大气状况的图，也称高空等压面图或高空图。某一等压面的高空图填有各探空站或测风站在该等压面上的位势高度、温度、温度露点差、风向风速等观测记录。根据有关要素的数值分析等高线、等温线并标注各类天气系统。等压面图上的等高线表示某一时刻该等压面在空间的分布，反映高空低压槽、高压脊、切断低压和阻塞高压等天气系统的位置和影响的范围。

　　常用的有 850 百帕、700 百帕、500 百帕（图 1-20）、300 百帕、200 百帕和 100 百帕等压面图，它们的平均海拔高度分别约为 1 500 米、3 000 米、5 500米、9 000 米、12 000 米和 16 000 米。还有一种高空图称为厚度图，用于分析某两等压面间气层的厚度。

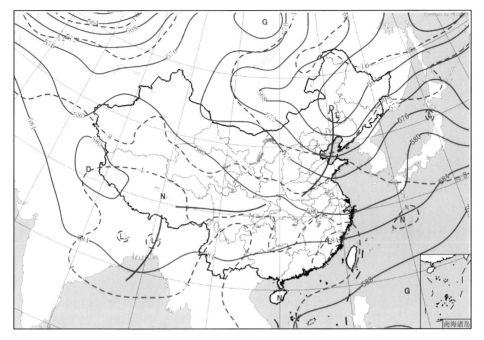

图 1-20　2017 年 6 月 20 日 08 时 500 百帕高空图

辅助图

辅助图包括热力学图表、剖面图、变量图、单站图等。

1. 热力学图表

热力学图表，是根据干空气绝热方程和湿空气绝热方程制作的图表，也称绝热图表。如温度对数压力图，图中含有等压线（纵坐标）、等温线（横坐标）、干绝热线（等位温线）、湿绝热线（等相当位温线）和等饱和比湿线。将某站各高度的气压、气温、湿度记录填在图上，可分析气象站上空大气稳定度状况或计算表征大气温、湿特性的各种物理量（图 1-21）。

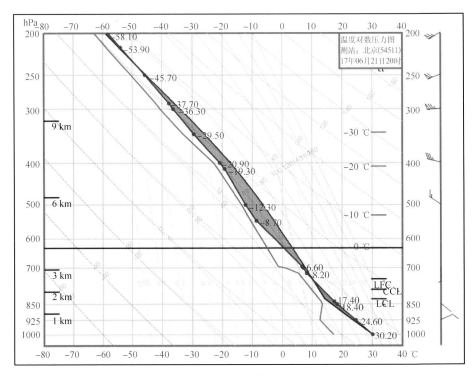

图1-21 2017年6月21日20时北京站温度对数压力图

2. 剖面图

剖面图，是用于分析气象要素在铅直方向的分布和大气的动力、热力结构的图。图上填有各标准等压面和特性层的气温、湿度和风向风速的记录，绘有等风速线、等温线、等位温线、锋区上下界等。它分为空间剖面图和时间剖面图两种。前者用多站同时的探空资料，表示某时刻沿某方向的铅直剖面上大气的物理特性；后者用单站连续多次的探空资料，表示某一时段内该站上空大气状况随时间的演变情况。图1-22为风场的空间剖面图。

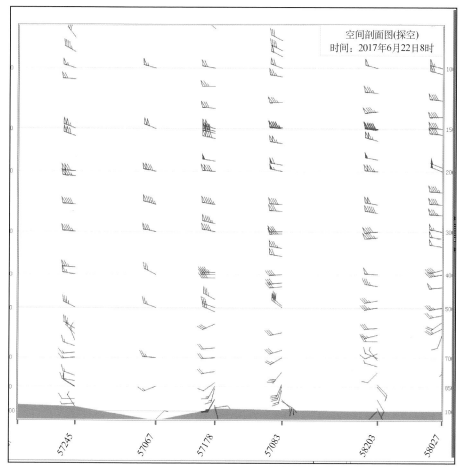

图 1-22　风场空间剖面图

3. 变量图

变量图又称趋势图，可反映某气象要素过去 12 小时或 24 小时变化的分布状况。常用的有变压（高）图和变温图。较强的大范围气象要素变量区，对该要素未来的变化趋势有一定的预示性。图 1-23 为 2017 年 6 月 22 日 08 时 850 百帕 24 小时变温图，可以清楚反应全国各地 24 小时的变温情况，对于预报具有一定的指导作用。

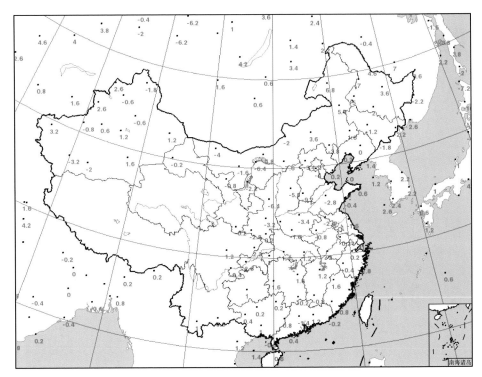

图 1-23 2017 年 6 月 22 日 08 时 850 百帕 24 小时变温图

4.单站图

单站图有用极坐标绘制的单站高空风图,它可以表示测站附近的高空风的铅直切变强度等动力状况和各层冷、暖平流的热力状态;也有地面或高空某些要素随时间变化和偏离正常情况的曲线图等。

图 1-24 是我国 T639 数值预报模式计算出的北京单站上空风、温度、垂直速度、相对湿度未来 72 小时的变化。从这张图上可以直观地看出 21 日 20 时到 23 日 05 时有一次降水天气过程;23 日 20 时至 24 日 20 时还有一次降水天气过程。

此外,若按天气图的性质分类,可分为:①实况分析图。按实际观测记录绘制的天气图。②预报图。根据天气分析或数值天气预报的结果绘制的未来 24、48、72 小时的天气形势预报图或天气分布预报图。③历史天气图。根据实况分析图印刷出版的一种历史资料。此外,根据需要有时还绘制不同时段(如旬、月、年)某气象要素平均值分布情况的平均图、对平均值的差值分布情况的距平图等。

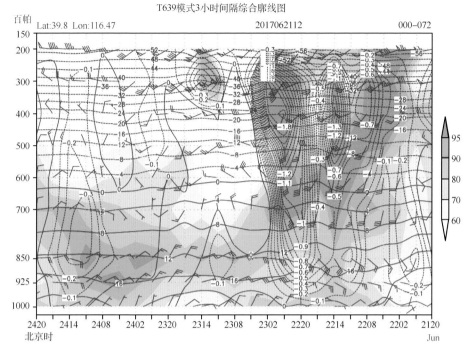

图 1-24　T639 北京单站上空未来 72 小时预报图

（图中红线表示温度，黑线表示垂直速度，色斑表示相对湿度）

二、天气预报的制作

　　每天晚上《新闻联播》结束之后，就是《天气预报》节目了。气象小姐或气象先生指着中国地图纵谈"天下大势"，告诉你明后两天从天山到东海，从兴安岭到海南岛的天气，哪里刮风，哪里下雨，哪里阳光普照，哪里天色阴霾。到了夏天，他们还会告诉你有没有台风从海上来光顾，渔民要不要进港避风雨。他们娓娓道来，潇洒自如，每天内容花样翻新，令观众叹为观止。

　　完整的天气预报通常包括以下气象要素：温度、湿度、降水、风向风速、能见度、云量、天气现象等。

　　当然，气象先生或小姐的潇洒离不开背后庞大的气象工作者团队。天气预报制作主要包括大气观测、气象通信、数值预报及天气会商等过程。

气象数据广收集

要做好天气预报，首先要获得大量被预报地区及相关地区的历史和近期的气象资料，包括各种气象要素数据和相关信息。气象工作者们是怎样陆、海、空总动员，进行长期而广泛的数据收集的呢？

目前我国已经初步建成天基、空基、地基相结合的气象立体观测系统，从地面到高空，从陆地到海洋，全方位、多层次地观测大气变化。天基观测系统主要是指气象卫星观测系统；空基观测主要指气球、飞机和火箭观测系统；地基观测主要依托地基气象观测系统，包括地面气象站、天气雷达及船舶探测等。

天基气象观测

气象卫星的轨道有两种，一种是太阳同步极地轨道气象卫星，简称极轨气象卫星；一种是地球同步静止轨道气象卫星，简称静止气象卫星。极轨气象卫星每天对地球表面巡视两遍，其优点是可以获得全球高分辨率的气象资料，缺点是对

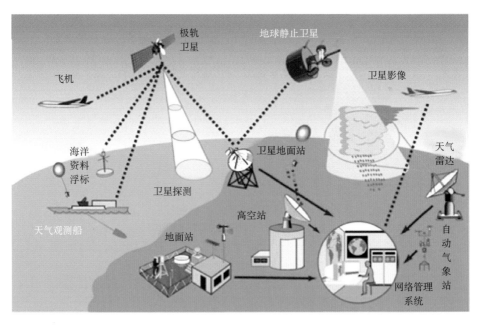

气象立体观测系统

某一地区每 12 小时才能获得一次资料，容易漏掉一些变化速度快、生命周期短的天气系统。静止气象卫星则可以对地球近 1/5 的地区连续进行气象观测，只要四颗卫星均匀地布置在赤道上空，就能对全球中、低纬度地区气象状况进行连续监测。它的优点是时间分辨率高，缺点是对纬度大于 55° 地区的气象观测能力差，空间分辨率较低。目前我国两种气象卫星同时在天上工作，优势互补。

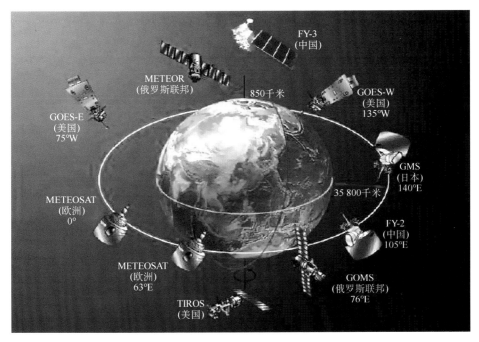

全球气象卫星分布图

从卫星上，我们可以看到哪里晴，哪里阴；哪里干旱，哪里受淹。气象卫星能在全球范围内昼夜不停地监测大气，大尺度的锋面云系、梅雨云系、热带气旋云系，中小尺度的云团等在卫星云图上都看得一清二楚。卫星除了提供云图照片外，还能测出云顶的高度和温度，监视冰雪分布，测量地形地貌、大气温度和湿度、海面温度、土壤湿度和风，捕捉台风、寒潮、沙尘暴。除了观测天气，气象卫星还顺便承担了森林火灾监测的任务。

2011 年 5 月 24 日 14 时 30 分，静止气象卫星风云 2 号 E 星拍摄的台风"桑达"云系

空基气象观测

1. 高空气象观测

高空气象观测又称高空观测或高空探测，主要测定大气各高度上的温度、湿度、气压、风向、风速等气象要素。目前主要是通过气球携带仪器飞上天空，地面上利用雷达追踪气球中的仪器来进行观测。我国有高空气象观测站 120 多个，其中，数据参与全球交换的有 88 个。

探空气球是将探空仪器带到高空进行温度、湿度、大气压力、风向、风速等气象要素测量的气球。探空气球下面吊着一个小盒子，盒子里装着的就是无线电探空仪，探空仪由感应元件、编码器、发射机组成。感应元件对温度、气压、湿度非常敏感，随着气球的运动，不断产生信息。这些信息由编码器译成电码，然后通过发射机传到地面。地面的接收机用解调译码器把电码译成常用的温度、气压、湿度的数值。这样，我们就得到了一个地方上空不同高度的温度、气压、湿度的观测值。因此，探空仪就是一个能随着气球飞上天的小气象站。

施放探空气球

2. 飞机、火箭观测

除了气象气球，飞机也加入了空基气象观测的队伍。台风为禁止飞行的恶劣天气之一，而专门的气象飞机却能勇敢地迎着风暴而去，它能进入台风云系中，获取大量珍贵的气象资料。

气象飞机的天气侦察分为低空侦察、高空侦察和垂直探测三种。气象飞机在每天的同一时刻沿着同样的路线飞行，并且在同一地理位置改变高度。低空侦察的目的在于获取对应于地面观测的资料。高空侦察的目的是取得固定等压面的资料。垂直探测的目的是获得大气在垂直方向的变化情况，可以通过两种方式实现：一种是飞机从很高的高度上释放下投式探空仪；另一种是飞机自身通过上升下降直接观测。除了上述三种常见的天气侦察之外，还有为特定观测任务而实施的天气侦察，比如为了准确定位锋面、了解热带气旋的结构、云中结冰状况和湍流分布，以及大气污染等的监测。

气象飞机除携带一般的观测风向、风速、气温、气压等气象要素的仪器外，

中国气象局"新州 60"增雨探测飞机

还安装着气象雷达、大气物理和大气化学数据采样仪器、红外和微波辐射仪等遥感仪器。观测项目有大气成分、气温、湿度、气压、风向、风速、大气湍流、大气电场、大气化学成分、云和降水的宏观和微观参数以及大气污染物的扩散等。这些仪器,有的安在飞机的"鼻子"上,有的站在飞机的"头顶"上,有的贴在飞机的"肚皮"上,有的藏在飞机的"翅膀"下面,有的安在飞机的"尾巴"上,有的就装在飞机的座舱里,还有的吊在飞机下面演"飞天杂技"。仪器探测到的数据传输至计算机,处理后显示出风向、风速、垂直速度、气温、气压等气象要素的值及其变化情况。

1991 年海湾战争中,英国的"大力神"C-130 型气象飞机,在科威特 1 700 米上空,穿过遮天蔽日的浓浓烟雾,钻进熊熊燃烧的油田大火产生的蘑菇状浓云,采集了大气污染的样本。为了解开雷电之谜,美国宇航局改装了一架 F106B 喷气式战斗机,机上安装了先进的观测仪器和照相设备。1980 年以来,这架被称为"猎雷者"的飞机,勇闯雷区 1400 多次,成功引发雷击 700 多次,为探索雷电的奥秘做出了很大贡献。

气象火箭由箭头、设备舱和箭尾组成。箭头安装探测仪器,设备舱安放降落伞和抛射系统,箭尾安装火箭发动机和燃料舱,外带一个尾翼以稳定火箭的姿态。

　　气象火箭携带的仪器用来观测大气的密度、温度、气压、风向、风速，还能探测大气成分和太阳紫外辐射等。火箭探测的范围为 30 ～ 100 千米，正好在探空仪高度以上，人造卫星以下。有的火箭还能钻到 200 千米以上的高空。

　　气象火箭有三类。第一类火箭在升空过程中直接进行探测。第二类火箭在到达最高点后，箭头和箭体分离，抛出运载的仪器。仪器上的降落伞自动打开，带着仪器一边下降一边观测。这种仪器跟探空仪类似，可把测量结果发到地面。地面雷达还可以追踪降落伞进行测风。第三类火箭在上升或下降的过程中抛出不同类型的物体或示踪物，能直接取样。地面雷达通过追踪火箭抛出的物体或示踪物进行测风。火箭的取样瓶回收后，用于分析大气成分。

　　气象火箭除用于高层大气的探测外，还可用于人工防雹、消雾、引雷和消雷。

地基气象观测

1. 地面气象观测站

地面气象要素在观测场中进行观测，主要观测地面气温、气压、降水、风速、风向、湿度、能见度、云及天气现象等气象要素。截至2016年底，我国已建成国家级地面气象观测站2 423个，观测的数据参与全球交换。此外，我国还建成了3万多个自动区域站，覆盖全国85%的乡镇，资料可用性达到92%，资料国内共享。

地面观测场

2. 天气雷达观测

雷达是一种测定目标物方向和距离的仪器。雷达上装着一个产生电磁波的发射机，一个能使电磁波定向辐射出去并接收目标物反射回来的反射波（雷达回波）的天线，一个能放大回波信号的接收机和一个显示目标物位置的显示器。气象雷达发射的是对雨滴特别敏感的特定波长的电磁波，通过雷达回波可以知道某个方向多远的地方很大可能在下雨。气象雷达不仅能够测云雨，还能够测风。

气象雷达现在已经发展成一个大家族，有电磁波雷达、声波雷达、激光雷达等。声波雷达用于观测大气中的风速、温度和湿度等。激光雷达可以用来测云高，也可以测大气中微粒的分布，火山灰的粒子也在它的监视之下。雷达的探测高度为 20 ～ 30 千米，能够监视方圆几百千米内的云雨。雷达观测，以分钟为计时单位。大气中的一点点微小变化，都逃不过雷达锐利的眼睛。

雷达可以安装在地面，也可以安装在飞机上。飞机上的雷达能给飞行员直接提供周围的云雨情况。

安徽蚌埠新一代多普勒天气雷达雷达

多普勒天气雷达采用多普勒技术对云、雨、降水等天气现象进行探测，在获取降水强度分布的同时，还能获取降水区中风场分布的信息，其产品信息达 72 种。6 分钟完成一次数据更新，极大地提高了对超级单体、雷暴、降水、龙卷、冰雹等重大灾害性天气的监测和预报能力。截至 2016 年底，我国拥有新一代多普勒天气雷达 190 部。图 2-1 为多普勒天气雷达观测到的台风降雨分布结构。

你看，卫星、雷达、飞机、火箭，这么多高科技设备，昼夜监视着大气，从不休假，真是十八般武艺全用上了。所有的气象观测资料，最后都通过各种有线和无线的途径汇集到资料中心。

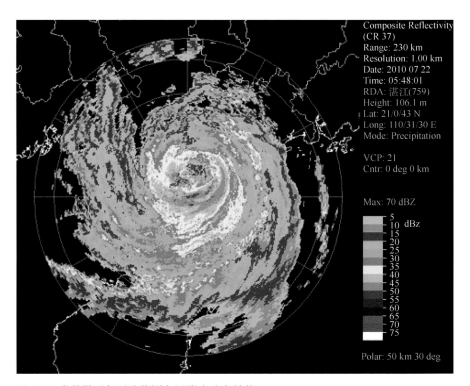

图 2-1　多普勒天气雷达监测台风降水分布结构

气象资料通信系统

遍布全球的气象台站和各种探测设施，组成监视天气变化的观测网，昼夜不停地捕捉地球大气中的各种气象信息。这些网点获取的信息通过有线、无线电报、电传、迅速集中到各国的气象中心或通信中心。从各个中心又以有线或无线的电报、电传、广播发送出去，供各地气象台站、业务单位使用。气象台站、天气中心和各种业务单位把这些信息制作成各种成品，向世界范围或向本国、本地区范围，以及向某特定地区、特定部门和局地的各个用户，用各种通信手段传送出去，供使用或进行气象服务。这样就组成了层层叠叠的，大的覆盖全球、小的限于局地，不同规模、不同作用的气象信息网；在这些网上，日日夜夜有数以亿计的气象信息不断地交流着。

全球各处通过各种探测手段取得的气象情报，其中一部分供国际公用，分别集中到世界各地86个气象通信中心，然后分区广播出去。全球共分8个广播区，每区有8～11个中心，我国的北京就是其中的一个。各地的气象台可以根据需要选收任一中心的广播，把收到的气象电报填绘在天气图上，五洲风云便尽收眼底了。

除上述的无线广播网以外，气象资料还可通过国际有线电传网络传播。华盛顿、莫斯科、墨尔本为三个世界中心；布拉克内尔、巴黎、奥芬巴赫、布拉格、内罗毕、开罗、新德里、巴西利亚、东京、北京为区域通信枢纽。由各中心和各枢纽连接许多国家、地方的气象中心、气象台、气象业务单位，组成了电传气象情报网。通过这个网的数据信道和传真信道传输了大量的气象资料、天气实况图和预报图。这种电传网络载荷量大，收发方便，传送迅速及时。

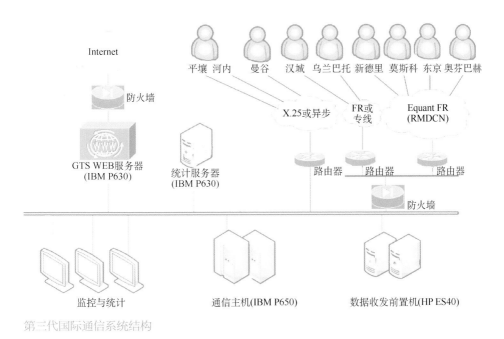

第三代国际通信系统结构

气象通信系统是支撑气象业务和大气科学研究的数据收集和传输平台。经历

51

了从手工到自动，从点对点的数据传输到网络通信、数据广播的发展。我国气象通信系统已成为由国际气象通信系统、国内气象通信系统组成，覆盖各级气象部门及部门外相关业务和科研用户，具备全球及国内各类观测资料和预报预测产品收集、分发、交换控制及传输监视能力的数据传输平台。

以通信技术为标志，我国气象通信的发展主要经历了莫尔斯电报通信、电传通信、无线传真、计算机通信、网络通信、卫星通信以及卫星通信和宽带地面通信相结合七个阶段，如表 2-1 所示。

表 2-1　气象通信技术发展历程

	1950	1960	1970	1980	1990	2000	2010—
莫尔斯通信	20 世纪 50 年代—60 年代中期						
电传通信	20 世纪 50 年代中后期—80 年代中期						
无线传真		20 世纪 60 年代—90 年代中期					
计算机通信				20 世纪 80 年代—			
网络通信						20 世纪 90 年代中期—	
卫星通信							21 世纪—

预报方法的分类

天气学预报

天气学预报方法是根据天气学原理，运用观（探）测资料及遥测遥感资料，对未来的天气形势和气象要素做出预报的方法。

应用天气图来制作短期天气预报已有 100 多年历史。自从有电报后，各地同时间观测的气象资料能及时集中到各国的气象中心，分析并画出天气图。从一张张天气图上可以看到天气系统的移动和变化，这类天气系统在移动过程中给各地带来了天气变化。从天气图上分析出天气系统，根据一定的规律推测出它们未来的移动路径和强度变化（包括生成和消亡），就能判断各地区未来天气的变化情况，这就是天气形势预报。

在天气形势预报中，最简单的方法是外推法，即假定未来天气系统的移动和变化与过去时刻相同，这种方法也称作持续性法。其次是预报员在长期天气预报的实践中，总结出有关天气系统移动或强度变化的经验预报规律，这些经验规律在天气形势预报中也有很大作用。此外，从动力气象学的一些理论中，也可以推导出一些有关天气形势预报的规律。预报员根据这些就可以做出未来的天气形势预报。

这种方法的准确性，在很大程度上取决于预报员的经验，又由于天气系统和天气现象并非一一对应，故预报效果不够稳定。

数值天气预报

数值天气预报方法是指根据大气实际情况，在一定的初值和边值条件下，通过大型计算机作数值计算，预测未来一定时段的大气运动状态和天气现象的方法。预报结果为定量、客观数据。数值预报发展很快，目前是天气预报最重要的参考资料。图 2-2 为华中、华南 24 小时降水量的数值预报产品。

图 2-2　华中、华南 24 小时降水量预报图

原汁原味的观测资料不能直接用于数值天气预报，就像葡萄酒厂在把收购来的葡萄送进流水线之前需要对葡萄进行检查一样，对于原始资料，还必须先做一番处理，主要包括质量控制和资料同化。

气象资料质量控制就是对气象资料进行质量检测、质量标识及错误数据更正。其主要目的是发现缺测资料、错误资料和对可能存在误差的资料进行修正，确保提供的资料符合模式运用的各种要求，包括不确定性、分辨率、连续性、代表性、时限、格式、均一性等。通过质量控制尽量使所有错误和极可疑的资料得以纠正。此外，由于气象资料是由各气象台站观测到的，台站地理位置的分布极不均匀。而数值天气预报需要通过计算解差分方程的方式计算未来天气状况，方程的运算要求数值是分布在规整的网格点上的，因此需要将站点资料利用数学方法插值到网格点上，即资料同化。

经过质量控制和资料同化之后，就能生成规则分布的、同一初始时刻的模式积分初值。之后，利用巨型计算机自动快速完成描述大气状态运动变化的数学物理模型的计算，就可输出未来时刻、计算区域内任一格点的大气状况数据。利用该数据，可以生成标准等压面、近地面和地表面的气象要素数据，如温度、气压、湿度、风、雨、雪等，然后根据用户需要，生成各类天气图或图像动画。

统计天气预报

统计天气预报方法是利用统计学方法开展天气预报。根据大量的历史资料，从天气现象中寻找与预报对象较好关系的物理因子作为预报的依据，然后采用概率统计方法，将所选因子与预报量之间建立联系，找出天气、气候变化的统计规律，预报未来天气。

统计预报方法有经典统计预报方法和统计动力预报方法等，统计动力预报方法又包括完全预报方法和模式输出预报方法。

经典统计预报方法：从大量历史资料中寻找统计规律，运用统计方法建立关系，需要建立初始条件和以后某个时刻条件之间的统计关系。通俗讲，经典统计方法是根据统计方法利用当前现有资料预报未来天气。

完全预报方法：统计历史天气图上气象要素和预报量之间的同时关系，经过筛选建立统计预报方法。此方法是假定数值预报作的形势预报完全正确，把它代入统计预报方程，就可得到预报量的预报。由于用了较长时间的历史资料，所得预报方程比较稳定，不会受到数值模式改进的影响，预报精度一般高于经典统计预报方法，但不适合用作概率预报。通俗讲，完全预报方法是根据历史资料将未来环流与天气构成统计预报关系，再把数值预报所预报的未来环流代入相关方程预报未来天气。

模式输出预报方法：分析数值预报的形势预报及物理量预报与预报量的同时关系，建立预报方程，用数值预报结果代入方程，做气象要素的预报。

统计预报的核心问题是预报因子的问题，尽可能找到与预报对象有较好关系的因子，利用数学统计方法，将所选因子与预报量之间建立一定的联系，是统计预报的关键。预报因子与预报量的关系与气象历史资料的符合程度，能够反映预报的有效性。统计预报过程的完善是多次循环选取预报因子的结果。一个完整的统计预报过程由三方面组成：物理因子的选择；数学统计关系的建立；预报效果的检验。

天气预报的种类

天气预报根据预报时效的不同可以分为以下几类：短时临近预报（0～12 小时）；短期预报（3 天以内）；中期预报（4～10 天）；延伸期预报（11～30 天气预报）；长期预报即短期气候预测（月、季、年预测）。

短时临近预报

短时临近预报指 0～12 小时天气预报，其中 0～2 小时叫作临近预报。主要是据雷达、卫星、地面观测结合数值模式资料，对局地强风暴系统进行实况监测，预报它们在未来 0～12 小时的动向。

临近预报内容主要包括灾害性天气警报，具体是预报局地灾害性天气的种类、强度、影响范围和时间等，也包括详细预报降水、湿度、气温、风、云、能见度等常规信息。临近预报的理论基础是中尺度气象学，主要研究中尺度天气系统及其产生的中尺度天气现象。预报时需考虑天气尺度背景下的天气系统，与中尺度天气系统的耦合作用。中尺度概念模式、静止卫星、雷达回波概念模式的应用以及统计学和物理学模型给出一些客观的预报均可为预报员提供各种依据。

临近预报需要应用卫星、雷达、加密的观测站网资料以及常规天气实况资料等，对中小尺度天气系统增强监视，并结合前期天气背景、当时天气气候特点和服务实际需求等综合分析之后制作预报产品。由于天气雷达观测资料的时效性和分辨率高，制作临近预报的主要依据是天气雷达观测资料。

短期预报

短期预报是指时效在 3 天以内的天气预报。预报内容为气象要素的具体变化，主要包括风、气温、雾、云和降水等气象要素的变化。短期预报是气象台最主要的预报服务项目。气象台每天定时向公众发布天气预报，当监视到有灾害性天气出现的可能时还要发布警报。

早期的短期预报主要采用天气学外推法来预报地面天气系统的移动，用锋面学说预报天气系统的发展和天气变化。随着高空探测技术的发展和资料的增多，人们对高空环流与地面气压系统之间的关系有了进一步的认识，促使预报水平得到进一步的提高。

20 世纪 50 年代后，随着计算机技术的发展，多层斜压模式和细网格模式的数值预报产品和统计学方法的应用，使短期天气形势和要素预报逐步客观定量，预报准确率也逐步得到提高。近年来雷达、卫星探测技术在气象业务中的广泛应用，又提高了预报员分析、监视天气的能力，但在复杂的天气形势下，有实践经验的预报员仍然发挥着重要作用。

中期预报

中期预报时效为 4～10 天。一般发布降水量、气温和降水过程预报。

最初采用以分析环流形势演变过程为基础的天气预报方法做中期预报。在 20 世纪 60 年代以后，数值预报得到快速发展。数值预报较好地解决了 10 天以内的天气形势预报，但要素预报准确率较差，因此又发展了基于模式的统计–动力预报方法。

延伸期预报

延伸期预报是指10～30天的天气过程预报，在预报内容方面与中期预报一样，一般发布降水量、气温和降水过程趋势预报。

目前主要利用动力模式、低频天气图、低频波、自回归模型、相似预报等方法制作延伸期天气预报。延伸期预报目前仍缺少客观预报方法和工具为业务预报提供支撑，已成为天气和气候预报、预测衔接的"时间缝隙"，是目前尚未解决而又亟须解决的问题之一。

长期预报

长期预报是指一个月以上的预报。主要是月平均气温距平和月降水量距平以及月平均环流形势预报；有时也做台风、梅雨、寒露风等预报。根据预报时效，又可分为月预报、季度预报及年度预报。

长期天气预报主要应用天气气候学、数理统计方及流体动力学三种方法。根据各月气象要素平均值与多年平均值的偏差进行预报。用数值预报方法制作长期预报的方法也已有了一定的进展。

天气预报会商

天气会商是气象部门讨论沟通预报思路、交流预报技术、提高天气预报准确率的重要手段。天气会商如同医生会诊一样，国家、省（自治区、直辖市）、地（市）、县（区）预报员在分析各种资料后，可能有不同的预报结果，大家各自发表自己的预报结论及预报理由，由当日首席预报员进行总结归纳，形成当日天气预报，对外发布。

中央气象台与省级气象台之间、省级气象台与地县气象台之间，主要通过全国天气预报电视会商系统进行长期、中期、短期、短时及重大天气、灾害性天气会商。常规会商包括全国早间天气会商，全国中期、旬预报会商，长期天气预报会商，定期组织的针对重要节日及重大气象服务任务的全国重大天气会商。专题会商是指根据重大灾害性天气或突发事件任务临时组织的天气会商。

除规定的视频会商外，各级预报员之间还经常通过电话会商，讨论天气的变化，以便形成更加准确的天气预报。

中央气象台全国早间天气会商

三、灾害性天气的特点和影响

    天气系统发展得特别强烈时，就易带来灾害性天气。常见的灾害性天气有干旱、暴雨、寒潮、低温雨雪冰冻、冰雹、高温热浪、台风、大风、龙卷、沙尘暴等。

    天气系统的这种异常发展是自然现象，其中一些现象在某些情况下还会带来好处，所以要一分为二看"灾害"。

    灾害性天气一旦发生，将造成很大的生命财产损失，因而受到人们的特别关注，也是天气预报工作的重点和难题，因此我们在这里专门说一说。

干旱

全国各地都可能发生干旱。干旱灾害往往面积大，损失特别严重。一般年份，气象灾害损失占国内生产总值 3%～6%，灾种中，洪涝占 27.5%，干旱占50%。水淹一条线，干旱一大片。旱灾的损失总体上是超过水灾的。有人把干旱称为慢性灾害，它就像慢性病一样，长期折磨着人类。干旱发生时，大地龟裂，禾苗枯死，甚至人畜饮水发生困难。民歌"赤日炎炎似火烧，野田禾稻半枯焦"就是对干旱灾害的生动写照。

1950—1986 年，全国平均每年受旱面积 3 亿亩[①]，其中遭灾 1.1 亿亩。干旱严重的 1959—1961 年、1978 年和 1986 年，受旱面积都超过 4.5 亿亩，其中1978 年受旱 6 亿亩，遭灾 2.7 亿亩。1972 年受旱面积 4.5 亿亩，占我国耕地面积1/4，造成粮食减产 39 亿千克。

公元 206—1949 年间，我国共发生旱灾 1 056 次。乾隆年间北京曾有过连续20 年（1741—1760）干旱，其中有 6 年大旱。1646—1649 年间，四川连续 4年大旱，出现"全蜀大饥人相食"的惨象。1637—1643 年（明末）连续 7 年大旱，是李自成起义的主要原因，并最终导致明朝覆灭。

20 世纪的前 50 年间，共发生死亡逾万人的特大旱灾 11 次。1928—1930 年间陕西省的大旱造成严重饥荒，饿死灾民 250 万人。1942—1943 年间河南省的大旱，死亡 300 万人。陕甘一带老一代人提起民国十八年（1929 年）的大旱，仍心有余悸，并把这种惨痛经历传给后世。现在年过古稀的人，就是儿时从父辈口中知道民国十八年的大旱的。老一代告诉他们，天旱，没有粮食，灾民饿急了，看有人手里拿着馒头，便一把抢过来，往阴沟里一塞，别人没法吃了，灾民便拿起来吃。

干旱造成我国水资源的严重短缺。全国每年由于缺水造成的经济损失为 2 000亿元，连长江流域有时也有缺水问题。

我国多年平均年降水量 6.19 万亿米³，总径流量 2.71 万亿米³，地下水资源0.83 万亿米³，居世界第 6 位。世界人均水资源量为 7 432 米³，而我国人均水资源量仅 2 300 米³，大大低于世界人均水资源量，排在世界第 100 位之后。可见，

[①] 1 亩 ≈ 666.7 米²，下同。

我国本来就是一个缺水国家，一旦遇到干旱，缺水的问题将更加严重。

干旱还是导致火灾的原因之一。干旱容易引起森林火灾。发生森林火灾的条件是：高温，低湿，可燃物多。

1987年，大兴安岭"5·6"森林火灾，过火面积达101万公顷，烧毁森林70万公顷、储木场存材85万米^3、各种设备2 488台、桥梁67座、铁路专用线9.2千米、通信线路483千米、输变电线路284千米、粮食325万千克、房屋61.4万米^2、受灾群众10 807户，死亡193人，受伤226人。

干旱

暴雨

按气象部门的规定，24小时降水量达50.0～99.9毫米为暴雨，100.0～249.9毫米为大暴雨，超过250毫米为特大暴雨。我国幅员辽阔，南北东西气候差异很大。夏天在南方24小时下50毫米的雨是常有的事。但是在西北地区，这样的雨很少见，一旦发生，它的影响就相当于南方100毫米以上的大暴雨了。因此，在实际应用中，各地气象台也不全遵循上面所说的规定。

暴雨最大可以达到多少呢？1967年10月17日，台湾新寮庄24小时降水量达到1 672毫米，这是我国有资料记载的最大暴雨。世界上最大的暴雨24小时降水1 870毫米，发生在南印度洋的留尼汪岛。

暴雨常常造成灾害。严重的灾害往往是由连续好几场暴雨引起的。1963年8月上旬，河北太行山东麓地区出现了有气象记录以来的特大洪水，大量农田被淹，京广铁路被冲坏。这次洪水是由连续5场暴雨产生的，降雨历时一个星期，总共降水 1 329 毫米。1975 年 8 月 4—8 日，河南南部淮河上游的丘陵地区发生大洪涝，引起水库垮坝，造成生命财产的重大损失。这次洪涝是 3 场暴雨引起的，5 天总降水量达到 1 631 毫米。京广铁路以西经板桥水库、石漫滩水库到方城一带 24 小时最大降水量为 1 005 毫米，6 小时最大降水量为 685 毫米，1 小时最大降水量为 189.5 毫米。1991 年 5—7 月，在江淮流域发生了严重的暴雨洪涝，造成直接经济损失 600 亿元。此次洪涝主要是由 3 次暴雨过程造成的。

大家记忆犹新的还有 2012 年 7 月 21—22 日的北京特大暴雨。全市平均降雨量 170 毫米，城区平均降雨量 215 毫米，为新中国成立以来北京最大一次降雨过程。这次降雨过程的罕见程度体现在四个方面：一是降雨强度之大历史罕见。房山、城近郊区、平谷和顺义平均雨量均在 200 毫米以上，降雨量在 100 毫米以上的面积占北京市总面积的 86% 以上。二是强降雨历时之长历史罕见。强降雨一直持续近 16 小时。三是局部雨强之大历史罕见。全市降雨量最大点房山区河北镇为 460 毫米，接近 500 年一遇；城区降雨量最大点石景山模式口 328 毫米，达

2012 年 7 月 21 日，北京市朝阳区劲松桥，车辆在暴雨中前行

到百年一遇；小时降雨超 70 毫米的站数多达 20 个。四是局部洪水之巨历史罕见。拒马河最大洪峰流量达 2 500 米^3/ 秒，北运河最大流量达 1 700 米^3/ 秒。根据北京市政府举行的灾情通报会的数据显示，此次暴雨造成房屋倒塌 10 660 间，160.2 万人受灾，经济损失 116.4 亿元，包括严重的基础设施毁坏、道路受损和交通瘫痪，有 79 人因此次暴雨死亡。

雨量过大会引发洪水，在排水不畅时就产生内涝。洪涝灾害会造成重大损失。陆游有一首诗就是描述洪涝灾害的："一春少雨忧旱暵，孰睡湫潭坐龙嬾。以勤赎嬾护其短，水浸城门渠不管。传闻霖潦千里远，榜舟发粟敢不勉。空村避水无鸡犬，茆舍夜空萤火满。"

洪水类型有：暴雨洪水、融雪洪水、冰凌洪水、冰川洪水、溃坝（堤）洪水、土体塌垮洪水、风暴潮洪水等。

公元前 206—1949 年的 2 155 年间，我国共发生较大水灾 1 092 次，平均每 2 年一次，其中死亡人数超过万人的 1900 年以来就有 13 次之多。山东临沂

2016 年 6 月底，武汉市新洲区遭遇洪涝

1646—1652 年连续 7 年大涝。1662 年暴雨持续 17 天，黄河发大水，淮河、海河、长江中游也未能幸免。1870 年长江流域、华北大部发生大洪水。1931 年长江流域、华北东部发生大洪水。

滔滔江水，八次洪峰，惊心动魄，百万军民。这就是 1998 年夏季长江流域的大洪水。1998 年夏季，长江、嫩江、松花江流域等地发生严重洪涝，全国受灾面积 2 578 万公顷，其中遭灾 1 585 万公顷，受灾人口 2.3 亿，死亡 3 656 人，直接经济损失 2 484 亿元。相当于当年 12 亿多中国人，不分男女老幼，每个人都有 200 多元钱掉到了水里。

1950—1986 年的 37 年间，全国水灾面积超过 1 亿亩的就有 19 年，每年直接经济损失 1 500 亿～2 000 亿元。

洪涝灾害还会引发地质灾害，包括泥石流、滑坡和崩塌。

泥石流是在山区沟谷中，由暴雨、冰雹、冰雪融水等引起的含有大量泥沙石块的洪流。它对居民点、农作物、公路铁路、水利工程、矿山都构成严重威胁。

滑坡是斜坡上的岩石由于各种因素整体下滑的现象。

崩塌是较陡斜坡上的岩石脱离母体崩落、滚动后堆积在坡脚或沟谷的现象。

寒潮

气象台常在秋末、冬季、初春时节发布寒潮预报。寒潮一来，又是降温，又是大风，弄不好还要下雪。

寒潮带来的降温常造成很大损失。1983 年 3 月 31 日至 4 月 2 日北京出现了一次大寒潮，郊区菜苗遭受严重冻害，致使 4 月份上市的蔬菜大量减少。

寒潮引起的雪灾造成的损失就更大了。雪灾对牧区危害最为严重。发生暴风雪时出牧在外的人和牲畜睁不开眼，辨不清方向。牲畜因受惊吓收拢不住，被迫随风奔跑，以至常常摔伤、冻伤、冻死。大风还常把高处和迎风坡的雪吹到低处和背风处，造成很深的积雪。雪灾堵塞道路，阻断交通，给人们的生活造成困难，使牲畜无法觅食。如果雪灾与沙尘暴同时发生，损失就会更大。2000 年入冬以来，内蒙古中部和东部多次连续降雪，使 19 个旗县市发生了严重雪灾，受灾牧场近 2 000 万公顷，受灾牲畜 1 619 万多头，其中 1.6 万头死亡。受灾最重的锡林郭勒盟这个冬天的降雪量并不是历史上最多的一年，但因 2000 年夏天该盟遭受了有史以来最为严重的旱灾，已造成粮食、经济作物和饲料大量减产，紧接着雪灾和沙尘暴又不期而至，造成干旱、雪灾、沙尘暴三者夹攻，损失顿时翻番。

寒潮还能导致霜冻的发生。霜冻是指当白天气温高于 0 ℃，夜间气温短时间内降至 0 ℃以下时造成的低温危害现象。有霜冻时并不一定会出现霜。有时候地面温度降至 0 ℃以下，但空气湿度小，没有结成白色的霜，称为黑霜或杀霜。

低温雨雪冰冻

冻雨是一种特殊的雨。组成冻雨的雨滴是一种液态水，但其温度在 0 ℃以下。这种水在科学上叫过冷却水。

　　温度低于 0 ℃的雨滴在温度略低于 0 ℃的空气中能保持过冷却状态，其外观同一般的雨滴相同。当它落到温度低于 0 ℃的物体上时，立刻冻结成透明的或毛玻璃状的冰层，外表光滑或略有突起，称为雨凇。雨凇通常在 −3 ～ 0 ℃时出现，主要形成于物体的水平面和迎风面上，在电线或树枝上还常形成长长的下垂的冰挂。当冻雨较强、雨滴较大而气温较高时，过冷水滴冻结较慢，往往形成透明的密度大的冰层。当冻雨较弱、雨滴较小而气温较低时，一般形成混浊而无光泽的、密度小的冰层。严重的雨凇厚度可达几厘米甚至更厚，能压断树木、电线和电线杆，使通信、供电中止，妨碍公路和铁路交通，威胁飞机的飞行安全。

　　2008 年 1 月中旬至 2 月初我国大面积长时间的冰雪灾害，让全国人民深刻领教了冻雨的厉害（图 3-1）。2008 年 1 月 10 日以来，一场低温雨雪冰冻天气袭击了我国南方，范围之广、持续时间之长、强度之大、灾害之重为历史罕见。这次灾害是一次重大的自然灾害，属于五十年一遇，个别地区如湖北、湖南达到了百年一遇。气象学家分析认为，这次灾害主要有以下四个特点。

　　第一个特点是影响的范围广。这次灾害性天气影响到 19 个省（自治区、直辖市），冻雨区范围非常大，受到积雪影响的范围也很大。我国 15 个省（自治区、直辖市）的积雪覆盖面积达到 128 千米^2。其中上海、江苏、安徽、河南、湖北、陕西的积雪覆盖面积占全省（直辖市）面积 90% 以上，贵州、湖南、重庆占 40% ～ 75%。

图 3-1　雨凇压坏电线和电线杆

　　第二个特点是持续的时间长。在长江中下游及贵州，最长连续冰冻日数是1954 年以来历史同期最大值。江西是 1959 年以来影响最严重的。贵州有 49 个县市持续冻雨日数突破历史记录。安徽持续降雪 24 天，是新中国成立以来最长一年。湖南、湖北雨雪冰冻天气是 1954 年以来持续最长、影响最严重的。

　　第三个特点是强度大。最低气温明显偏低，最高气温也很低，达到历史最低值。1 月 10 日以来南方地区受到 4 次低温雨雪冰冻的影响，1 月份平均气温比历史平均值偏低 0.7 ℃，1 月中下旬比历史平均值偏低 1.8 ℃。湖南、甘肃两省 1 月份平均气温是 1951 年以来最低值，湖南、湖北、贵州、广西、甘肃、宁夏 1 月平均气温比历史平均值偏低 4 ℃以上，长江中下游、西南地区东部 1 月平均气温比历史平均值偏低 2～4 ℃。长江中下游以及贵州，最高气温比历史平均值低 5.6 ℃，达到了百年一遇。

　　就降水量而言，贵州降水量是历史第三高。四川、广西超过 50 年一遇。西北地区大部到江淮、黄淮以及西南地区，像广东、广西一带，降水量偏多两倍以上。江淮地区出现了 30～50 厘米的积雪。浙江的暴雪也是 84 年来最强的一次。河南、四川、陕西、甘肃、青海、宁夏降水量达 1951 年以来同期最大值。

1月29日安徽中部、江苏南部等地出现了30～45厘米的积雪，其中安徽滁县为50厘米。2月2日杭州积雪达31厘米，突破历史纪录。湖南冻雨造成的电线覆冰厚度达到30～60毫米，远远超过了电网的设计值。

第四个特点是这次灾害是多种灾害并发，既有暴雪、低温、冻雨，也有大雾天气。这次大面积长时间的低温雨雪冰冻灾害对我们国家南方交通运输、能源供应、电力传输、通信设施以及农业和人民群众的生活造成了相当严重的影响和重大损失。截至2月12日，灾害波及21个省（自治区、直辖市），因灾死亡107人，失踪8人，紧急转移安置151.2万人，累计救助铁路公路滞留人员192.7万人；农作物受灾面积1.77亿亩，绝收2530万亩；倒塌房屋35.4万间；因灾造成的直接经济损失1111亿元。

受低温雨雪冰冻灾害影响，湖南、湖北、安徽、广西、江西、贵州、河南、云南、四川、重庆、青海、陕西、甘肃、新疆、浙江、江苏、福建、广东、海南等19个省（自治区、直辖市）近2.79亿亩森林受灾，受灾严重的国有林场1781个，苗圃1200个，冻死冻伤重点保护野生动物3万头，造成林业损失573亿元。

低温雨雪冰冻灾害的另一个重大影响是雨淞压坏了输电线路和电线塔，造成

大面积停电，给工农业生产和人民生活造成极大困难。湖南郴州从 1 月 13 日至 2 月 6 日断电，整个城市成为一座被冰雪围困的孤城。断电造成电视、网络等信息渠道中断。断电还使电力机车无法运行，致使京广铁路中断，造成春运高峰期间大量旅客滞留。直至 2 月 19 日，国家电网才得以全面恢复正常运行。灾害还造成高速公路和机场关闭，再加上铁路停运，造成的影响波及各行各业。

　　雨凇灾害在我国其他地方也有。河北省塞罕坝林场曾测到一棵 3 米高的落叶松上的雨凇重达 250 千克。农田中的雨凇一般只维持 2～3 天，而林区的雨凇可维持几十天。雨凇常使作物倒伏、树木断枝甚至翻根。1977 年 10 月下旬，塞罕坝林场的一次雨凇毁林 57 万亩，损失木材 96 万米[3]。

冰雹

　　冰雹是坚硬的球状、锥状或形状不规则的固态降水。常见的冰雹如豆粒大小，但也有如鸡蛋大小甚至超过鸡蛋的。冰雹产生于发展旺盛的积雨云，多出现于夏季。史料上记载，清朝曾出现过直径 16 厘米、碗口大小，重约 1 千克的大冰雹，但现在已无法考证了。2005 年 5 月 31 日和 6 月 7 日北京城区出现冰雹，砸坏了许多小汽车和路灯。5 月 31 日的冰雹砸伤了霍姓粮农的 250 亩优质小麦，损失 6 250 千克。

冰雹

　　我国冰雹最多的地区是青藏高原，例如西藏自治区东北部的黑河（那曲），每年平均有 35.9 天出现冰雹（最多年曾出现 53 天，最少也有 23 天）；其次是班戈 31.4 天，申扎 28.0 天，安多 27.9 天，索县 27.6 天，均出现在青藏高原。但由于这里地广人稀，所造成的损失相对较小。

高温热浪

高温热浪指的是比较大的范围内连续好几天的异常高温天气。高空反气旋维持，空气下沉，万里无云，红日高照，是产生高温热浪天气的主要原因。高温热浪天气主要发生在夏季，气温常高达 40 ℃以上。高温酷暑，要小心中暑。

2003 年法国遭高温热浪袭击，导致上万人死亡。印度和巴基斯坦常年气温高，但当地人已经习惯了。成吉思汗的蒙古骑兵，曾经踏上印度国土，但因耐不住当地高温，只好退出。但是，这种高温也不能热过了头。2005 年 6 月中下旬，巴基斯坦遭遇了过去十年没有过的高温天气，很多地方气温在 45 ℃以上，首都伊斯兰堡 24 日达到 46 ℃，中部地区高达 50 ℃。持续高温导致 100 多人死亡。

根据气象资料，2003 年 7 月，我国南方和华北南部出现最高气温超过 35 ℃的高温天气，其中江西南部、华北南部超过 35 ℃的日数多于 25 天，福建南平、建瓯、永安和江西广昌等地多于 31 天；超过 40 ℃的日数浙江丽江 12 天、临海 6 天，福建南平 7 天，江西井冈山 6 天；浙江、江西、福建、湖南、广西好些地方最高气温超过了历史记录，如 31 日浙江丽水 43.2 ℃、云和 42.7 ℃、义乌 42.0 ℃，16 日福建尤溪 42.2 ℃。

北京 2005 年 6 月 20 日至 23 日，连续 4 天最高气温超过 36 ℃，为 40 年气象资料之最；6 月 21 日最高气温达到 38.9 ℃，创造了 25 年的同期最高纪录。河北中南部、山东西北部、新疆吐鲁番最高气温达到 40～42 ℃。

1949 年以来，北京的日最高气温为 41.9 ℃，出现在 1999 年 7 月 24 日。

高温热浪天气

上海 2005 年 7 月 3 日的最高气温达到 39 ℃，创造了 70 年的同期最高纪录。1934 年上海曾出现过 39.3 ℃的高温。

台风

台风是热带气旋的一个等级。台风有直径几百乃至上千千米近于圆形的涡旋云系，外围还有长达数千千米的螺旋云带。

根据中心附近最大持续风速，热带气旋可分为 6 个等级：10.8～17.1 米 / 秒（风力 6～7 级）的称为热带低压，17.2～24.4 米 / 秒（风力 8～9 级）的称为热带风暴，24.5～32.6 米 / 秒（风力 10～11 级）的称为强热带风暴，32.7～41.4 米 / 秒（风力 12～13 级）的称为台风，41.5～50.9 米 / 秒（风力 14～15 级）的称为强台风，大于或等于 51.0 米 / 秒（风力 16 级及以上）的称为超强台风。

台风造成的灾害主要有三种：暴雨和洪涝，强风和海浪，风暴潮。

我国降水量最大的两次降水均发生在台湾，都是台风创造的。我国大陆的最大降水也是由台风造成的，那就是 1975 年的第 3 号台风造成的 8 月淮河上游特大暴雨。

台风的风力可达 12 级及以上，掀起的海浪高达 15～20 米，最强时有 30 米。

风暴潮是强烈大风引起的海面异常升降现象，可使海上和港内船舰损毁和沉没，亦会破坏海堤，使海水倒灌，淹没沿海城市和村庄。如果这时由月亮和太阳引潮力引起的天文大潮也来凑热闹，后果将不堪设想。

台风时常带来狂风暴雨，造成严重灾害。根据统计，1947 年至 1980 年的 34 年中，全球十种主要自然灾害造成的死亡总人数为 121.3 万人，其中以台风造成的死亡最多，达 49.9 万人，占 41.1%，而且，一次灾害造成死亡人数最多的也是台风。1970 年 11 月袭击孟加拉湾的热带风暴，造成 30 万人死亡。近年来，随着对台风的监测手段的改进和预报水平的提高，死亡人数趋于减少。但由于经济建设的发展和人类财富的增长，台风造成的经济损失猛增。例如，1956 年 9 月台风在连云港引起了风暴潮，经济损失约 10 万元。1980 年 9 月，台风再次袭击连

福建石狮祥芝沿海风暴潮

云港，引起的风暴潮潮位和 1956 年那次差不多，但经济损失一下子跃升到 50 万元。到了 20 世纪 90 年代，一个台风造成的经济损失可高达十几亿到上百亿元。

2005 年的第 9 号台风"麦莎"9 月 6 日 03 时 40 分在浙江台州玉环登陆，登陆后继续向西北方向移动。"麦莎"登陆时当地沿海海面风力达到了 12 级，并伴有大暴雨，大风暴雨重创了当地田地、作物和房屋，台风登陆中心的乡镇被淹。

北京媒体说，台风"麦莎"虽是在千里之外的浙江登陆，但还是会影响到北京。台风来时，京城将可能降下暴雨。又说，据气象专家介绍，此前每年都有台风频频在我国沿海地区登陆，但对北京影响不大，而"麦莎"动静如此之大有两个原因：首先，"麦莎"威力强大，"麦莎"7 月 31 日晚上在菲律宾以东洋面上生成，中心附近最大风力有 9 级，而后一路威力大增。其后，其近中心风速达到了 40 米 /秒，登陆时中心风力为 12 级。其次，"麦莎"的登陆地偏北，在浙江登陆并向西北方向移动，在移动的过程中减弱为低气压，北京恰恰就在其影响范围内。

2005 年 9 月 8 日，媒体报道：记者 8 日下午从北京市防汛抗旱指挥部办公室获悉，北京市已启动防汛应急指挥预案，紧急应对即将到来的 9 号台风"麦莎"。全市防汛抢险物资和队伍已提前落实到位，各级指挥人员已全部到岗，城市排水、市政、交通、房屋、供电、消防等城市排险队伍已随时待命，紧邻泥石流沟道的高危险度地区 4 万名群众的转移安置工作也已准备就绪。

结果"麦莎"与北京擦肩而过。媒体提问："麦莎"虚惊，北京动真格值不值？

台风路径的预报是一个难题。24 小时的路径预报误差为 100～200 千米，48 小时的路径预报误

台风天气被刮倒的树木

差为 200～300 千米。台风登陆后路径的预报尚不够准确。台风强度的预报，其难度就更大了。因此北京市气象台关于台风"麦莎"的预报失准在一定程度上是可以理解的。

大风

我国天气预报业务中规定 6 级及以上的风称为大风。2001 年 6 月 26 日，北京市平谷县出现了 1959 年有气象记录以来的罕见大风，平均风力 8 级，瞬间风力 11 级。使 3.35 万亩果树受灾，刮倒果树 8.22 万棵，落果率 20% 左右，灾害严重的果园落果率 30% 左右，导致减产 350 万千克。同时，又毁坏树木 1.32 万棵，房屋 2 005 间，还使 6 200 亩蔬菜受灾。杜甫诗"八月秋高风怒号，卷我屋上三重茅"就是古人对风灾的形象化描述。曾有过广告牌被风刮掉砸死人的事，也曾有过高空作业工人被刮落地面导致死亡的事。

2017 年 7 月 16 日，湖北荆门局地遭遇十一级大风

龙卷

　　龙卷是从积云中伸向下方的猛烈旋转的漏斗状云柱。这种云柱有时稍伸即隐，有时悬挂空中或触及地面。人们看见的"象鼻子"就是这个云柱。龙卷有陆龙卷也有水龙卷。龙卷的漏斗状云的轴一般垂直于地面，在发展的后期可倾斜或弯曲。其下部直径一般有数百米，最小的只有几米，最大可达千米以上。上部直径一般为数千米，最大可达万米。龙卷水平范围很小，而中心气压又很低，因此水平方向气压差很大，产生强烈的风速。风速一般为 50 ～ 100 米 / 秒，最大可达 200 米 / 秒。由于气流的旋转力很强，常将地面的尘土、泥沙和水等卷挟而起，造成很大的破坏。弱一点的龙卷能卷起稻草、衣物，强大者将人、畜、大树、房屋一起卷起。从地理分布上看，在美国发生的次数比在中国的次数多。

　　公元 55 年，即东汉建武年间。陈留郡即现在的河南开封一带，有一天傍晚突然乌云密布，狂风大作，大雨倾盆。大雨中夹带着大量谷子从天而降，人们称之为

"谷雨"。"谷雨"中的谷子从何而来？当时杰出的唯物主义哲学家王充说，它是风从别处刮来的。

我国的龙卷多数发生在长江三角洲经苏皖北部至黄淮海平原和华南地区。1956 年 8 月 24 日，龙卷突袭了上海，曾把一个 110 吨重、三四层楼高的空油罐像掷铅球那样扔到 120 米之外。1987 年 8 月 26 日，河北南部、山东西南部，连续出现了 9 次龙卷。其中持续时间最长的达到 45 分钟，造成数十人死亡。1995 年 6 月 9 日，广东南海至广州间出现了一次龙卷，造成 14 人死亡，291 人受伤，

陆龙卷

直接经济损失 3 000 万元。2004 年 6 月 8 日 12 时 10 分广东惠来县岐石镇突遭龙卷袭击，镇政府两扇厚重的大铁门被大风拉断，"嘣"的一声扔出 3 米远，一辆小汽车被风卷起，悬空飞行 50 米。

1940 年夏天的一个晴热的下午，苏联高尔基省巴甫洛夫区米亚里村突然闪电雷鸣，夹杂着大量圆片状的白色"冰雹"从天而降。人们定睛一看，这哪是冰雹，这是钱啊！原来，在米亚里村附近的地下，古代的贵族埋藏了许多银币。当暴雨风猛烈袭击大地时，乌云的"象鼻"掘地三尺，把这些银币挖了出来，带到天空，又把它们送给了米亚里村的村民。

1949 年夏季的一天，新西兰强风突至，乌云满天，暴雨扑面而来，许多行人的雨伞被打得震天响。人们仔细一看，大批鱼儿从天而降。雨过天晴，当地居民捡到了上千条鱼。这次"鱼雨"从何而来？原来那是龙卷的"象鼻子"从海上弄来的，怪不得水还带有咸味呢！类似的还有 1960 年 3 月 11 日法国南部土伦地区的"蛙雨"，19 世纪丹麦的"虾雨"。还有什么"海蜇雨""杏黄雨""金黄雨""翠绿雨"，不一而足。由此可见，天上掉馅饼的事也不是绝对不可能的。

这些神奇的现象是怎么发生的？原来它们都是龙卷的杰作。

水龙卷

沙尘暴

　　沙尘暴也是一种灾害性天气，是指强风将地面大量尘沙吹起，使空气非常混浊，水平能见度小于 1 千米的现象。发生强沙尘暴时，水平能见度小于 0.5 千米。强沙尘暴最为暴戾，当然一般的沙尘暴也不是省油的灯。

　　2000 年，我国发生了 12 次沙尘暴。沙尘暴一来，天昏地暗，有时连几百米内的房屋和树木都看不清楚，严重影响人们的出行。沙尘暴破坏农田、牧草和水利设施，掩埋道路，阻断交通，还能使沙漠扩大。

　　沙尘暴到底有多厉害，让我们引述报刊上发表的关于沙尘暴的描述：内蒙古阿拉善盟发生沙尘暴时，瞬间风速 12 级，狂风大作，天昏地暗，满耳都是类似地震的轰隆轰隆声。风把沙子、尘埃和动物的粪便搅在一起，行人睁不开眼睛，呼吸困难，嗓子干呛。行驶在路上的汽车趴着不敢动，风沙把车漆都打掉了。

　　1993 年 4 月 19 日至 5 月 8 日，甘肃、宁夏、陕西、内蒙古等省区发生强沙尘暴。5 月 5 日下午，碧蓝的天空突然变色，沙尘墙高度 300～400 米，最高 700 米，瞬时风速达到 34 米 / 秒（风力 12 级），能见度小于 100 米，顷刻间天昏地暗，一切都被淹没在滚滚黑风之中。沙尘暴横扫四省区 72 县 100 多万千米[2]，造成 85 人死亡，31 人失踪，200 多人受伤，丢失、伤亡牲畜 6 万多头，30 多万公顷农田受灾。遭灾严重的甘肃河西走廊局部农田风蚀深度达 10～50 厘米，被风吹走的土量平均近 3 150 米[3]/ 公顷，1 万多公顷果林受灾，11 万株防护林树木及用材林树木被连根拔起或折断，直接经济损失 2.36 亿元。

北京的沙尘暴并非都来自远方。据报道，2000 年北京出现的沙尘暴 80% 的沙土来自内蒙古赤峰地区，20% 来自本地。因此也不要把沙尘暴灾害的账全都算到北方沙漠地区的头上，本地也应当检讨自己制造扬尘和扬沙的行为。

沙尘暴并不是我国的特产。全世界有四大沙尘暴区，即中亚、北美、中非和澳大利亚。中亚沙尘暴区包括苏联中亚部分、蒙古和我国北方的干旱、半干旱地区。我国的沙尘暴源地有：河西走廊，内蒙古阿拉善盟地区，陕西、山西、宁夏长城沿线沙地、沙荒土旱作农业区，浑善达克、呼伦贝尔、科尔沁沙地及新疆塔里木盆地边缘。

沙尘暴有时可以波及很远的地方。

浮尘、扬沙和沙尘暴是"难兄难弟"。

浮尘：发生浮尘时本地风虽然不大，但尘土、细沙（颗粒直径 < 0.001 毫米）

均匀地浮游在空中，使水平能见度小于 10 千米，垂直能见度也较差。

扬沙：大风将地面尘沙（颗粒直径 0.001～0.05 毫米）吹起，使空气相当混浊，水平能见度在 1～10 千米。

过度放牧使生态环境遭到破坏。在沙漠边缘盲目开垦，是土地沙化、沙漠扩大的重要因素。对水资源利用不合理，上游用水过多，中下游水量不足，会使沙化发展。不合理开垦、不合理采樵、过量挖药材（甘草、麻黄等）或无节制地进行交通、工矿和居民点建设，都会破坏地表结皮，使地表裸露，降低土壤的稳定度，给沙尘暴及扬沙等天气创造条件。

我国沙化土地面积为 173.11 万千米^2，占国土总面积的 18.03%，分布在除上海、台湾及香港和澳门外的 30 个省（区、市）的 902 个县（旗、区）。据估算，包括沙化在内的荒漠化每年给我国造成经济损失高达 540 亿元。近年我国在荒漠化治理方面不断在政策、资金和技术方面加大投入，推进京津风沙源治理、三北防护林、退耕还林等沙区重点工程建设。根据卫星监测结果，上世纪末，我国沙化面积年均扩展 3 436 千米^2，现在变为年均缩减 1 717 千米^2，沙区生态状况有了明显好转，植被覆盖度以年均 0.12% 的速度递增，重点治理区林草植被覆盖度增幅达 20% 以上，生物多样性指数明显提高；沙尘天气发生频次呈波浪式递减趋势。

一分为二看"灾害"

以上所说的种种灾害性天气，其实都指的是自然现象。之所以将其称为"灾害性"，是因为它们能给人们造成损失。是不是它们在所有情况下都会给人们造成损失呢？也不尽然。实际上，不仅不同情况下所造成的损失不同（这与受灾地区的情况和抗灾能力有关），而且在某些情况下还会带来好处呢。所以我们说，要一分为二看"灾害"。

现在，我们就说说一些灾害性天气、气候的好处，也就是给它们摆摆功。

干旱时，晴天多，光热资源丰富，可以利用更多的太阳能。盐场最害怕阴雨，最喜欢晴天。一下雨就晒不成盐了，说不定还要把已经晒好的盐冲走，把已经较浓的盐液冲淡；而晴天呢，当然是多多益善，最好永远不下雨。我们在前面曾经说过，瓜果类作物大多喜温，正是吐鲁番盆地的高温气候造就了新疆享誉国内外的哈密瓜和吐鲁番马奶葡萄。还有，我国丝绸之路上的明珠——敦煌莫高窟，有 2 000 多尊彩塑佛像，超过 4.5 万米^2 的壁画，已有 1 000 多年历史，这些宝藏正是在当地的干旱气候下才得以保存至今的。

暴雨带来的也不完全是坏处。北京汛期降水就以暴雨为主，如果某年暴雨太少，将会发生干旱。雨多了，还可以存在水库里，水库里的水多了，就可以多发电。电是清洁能源，多用电，少烧煤和天然气，蓝天就会多起来。水力发电，不仅降低了成本，还减少了火电厂对环境造成污染。遇到干旱时，水库里储蓄的水还可以保证正常工农业用水、人民生活用水和生态用水（所谓生态用水，就是保证河道正常生态环境所需的水）。2000 年黄河在大旱之年没有断流，除加强水资源科学管理的因素外，小浪底水库放水功不可没。2009 年三峡工程建成以后，三峡水电站总装机容量达到 1 820 万千瓦，年发电量 847 亿度。三峡水电站发完电后，下游的葛洲坝水电站还可以再发一次电，因此年总发电量将达到 1 050 亿度。然而，要实现这一点有一个前提，就是长江里要有足够的水。如果下雨太少，水库水少，就难以发电。倘若雨量丰沛，这一切都不难实现。

寒潮其实是一把双刃剑。寒潮多了或者强了，会导致冻害。寒潮少了或者弱了，也会有问题，如害虫增加。所以说，理想的冬天应当是寒潮不多不少不强不弱的中庸的冬天。

　　台风也是有功劳的。我国东南沿海地区，夏季降水中台风引起的暴雨占一半以上，广东则占到 76%。这就是说，如果没有台风帮忙，我国东南沿海就要闹旱灾了。特别是当台风进入内陆，由于地面摩擦，脾气变得温顺之后，风力减小，它产生的大量降水灌溉万顷良田，造福人民。因此，东南沿海的农民，有一种"台风来了怕台风，不来台风想台风"的特殊心态。

　　沙尘暴也为人们做了不少好事。

　　首先，沙尘暴能减少酸雨。沙尘中含有丰富的钙等碱性物质，正是这些碱性物质把酸雨中和了。我们在这里没有说沙尘暴中和了酸雨，而说沙尘中和了酸雨，因为所有的沙尘天气都能中和酸雨，其中当然包括沙尘暴的贡献。

　　其次，沙尘暴滋养了热带雨林和海洋生物。澳大利亚的沙尘暴乘着南半球的西风跑到了新西兰的火山岛，这些沙粒使当地的土壤更加肥沃，因此有人把来自澳大利亚的沙尘叫作"澳大利亚出口的珍贵产品"。而夏威夷群岛则收到了来自我国的同样的"珍贵产品"。所有这些出口的"珍贵产品"都是免费的，属于"无偿援助"。沙尘暴在移动过程中漂洋过海，有些沙粒半途落入海洋。这些沙粒富含铁和磷，成为海洋生物的营养品。西北太平洋邻近我国，受到沙尘暴的特别青睐，成为海洋生物的天堂。

　　第三，沙尘暴有利于降雨。沙尘暴漂洋过海到达异国他乡之后，火爆的脾气

改了许多，大的沙粒一路掉队，剩下的细沙在空中飘浮，这些细沙就充当了降水所需要的凝结核的角色，给当地带来降水。

第四，沙尘暴的阳伞效应减缓全球变暖。火山爆发时，把大量火山灰尘埃抛向空中，这种尘埃可以在空中飘上好几年。火山形成的沙尘可以反射太阳光，从而给地面降温，就像在大地上撑起一把大阳伞。当然，火山爆发和沙尘暴不是一回事。但火山喷上高空的沙尘和远方飘来的沙尘是一样的。

四、天气预报准确率

天气预报准不准？这一直是一个人们热议的话题。

2013 年 6 月 25—28 日的《中国气象报》，连续发表了四篇该报记者对数位专家就天气预报准不准这一话题的访谈录（详见附录）。访谈录的开头提到了网上流行的两句话，一句是"我再也不相信爱情了"，另一句是"我再也不相信天气预报了"。记者评论说，第一句话并没有使我们规避爱情，第二句话也没有让我们放弃天气预报。对于天气预报，大家一方面抱怨，另一方面对它越来越依赖。可以说这是一个"天有不测风云"与"天有可测风云"并存的年代。

天气预报就是八分把握加两分冒险，等于十分精彩或者十分可笑。那八分把握从何说起？两分冒险又源于什么？

首先，天气预报有一定的准确度，因而大家对天气预报越来越依赖。同时，人们对天气预报也很不满，甚至骂声一片。有意思的是，对于同一天的天气预报，往往叫好声和骂声同时出现。气象台预报说，明天有阵雨，事后城北的人说，报得太准了，城南的人却埋怨只下了几滴雨，连地皮也没有湿。这就是天气预报准不准这一问题的现状。

天气预报为什么有时不准

天气预报为什么有时不准？这个问题说来话就长了。总的来说可以概括为 7 个方面。

资料不足

由于大气运动是全球性的，任何一处的天气形势发生变化都有可能对全球天气产生影响。因此，要做出准确的天气预报，需要全球范围的资料。由于在全球范围内气象台站分布不均匀，因而获得的资料也是不均匀的。如平原地区资料比较多，而高原上资料就比较少。青藏高原的面积大约 300 万千米^2，它的存在对我国乃至全世界的天气气候影响很大，但青藏高原气象资料却相对较少，这势必影响到预报的准确度。

如果观测资料不全，预报所需要的"原材料"便不足，这好比"巧妇难为无米之炊"，米不够怎能做好饭呢？

据不完全统计，在青藏高原的西部地区，国家级地面观测站的密度仅为 0.6 个 / 万千米^2，全国的平均密度是 2.52 个 / 万千米^2；区域自动观测站密度是 1.76 个 / 万千米^2，而全国的平均密度是 32.85 个 / 万千米^2。西藏的面积大约 120 万千米^2，但分布的气象自动观测站却只有 150 多个，我国中东部地区的一个省可能都会有 2 000 多个自动站。

大气是一个整体，各地的气候和天气是相互影响的。青藏高原上的气象资料稀疏，不仅影响青藏高原地区的预报准确度，也影响到我国乃至全球的预报准确度。

海洋上的常规气象观测资料也非常稀疏。但自从有了气象卫星，观测资料大大增加，使天气预报能力有了一定的提高。

有人曾经提出精细预报的想法，希望能够预报出小尺度的天气差异，例如，把鸟巢和水立方这两个体育场馆的天气各自预报出来。但在实际中，这是不现实的，因为我们并没有高密度的天气观测台网，既没有如此精度的资料，也未掌握微小尺度天气变化的规律。因此，对预报天气来说，精细不等于精确，可不像渔民缩小网眼孔径就捕到小鱼那样简单。

同样，天气变化涉及的复杂物理、化学和生态过程的资料，特别是化学和生态过程的资料还没有形成序列，也没有规范化的观测资料，因而资料是否够用的问题还没有提上议事日程。

因此，资料不足是提高天气预报准确度的瓶颈之一。

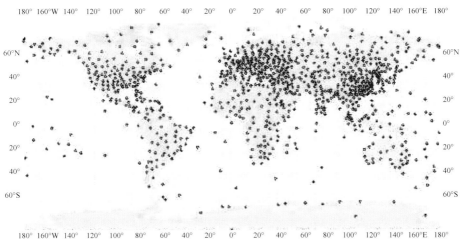

全球观测系统的高空观测网

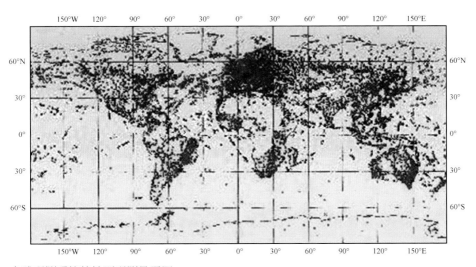

全球观测系统的地面观测骨干网

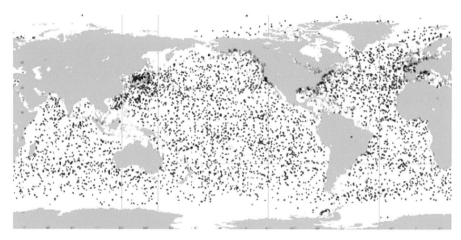

全球观测系统的海洋观测网

规律不明

　　天气变化涉及复杂的物理、化学和生态过程，而目前人们对这些过程的了解还很不深入。这使得人们无法完全掌握大气运动的发展规律，所使用的描述大气运动的数学物理方程也就不可能全面准确地反映大气运动的规律，存在一定的不确定性。

　　以天气预报的主要工具之一——数值天气预报为例。它是以气象观测资料为初值条件，通过巨型计算机进行数值计算，再用流体力学和热力学的方程组进行

求解，进而预测未来一定时段的大气运动状态。鉴于我们对大气运动中的规律尚未全然知晓，设计的任何方程只能是求近似值。这个方程组在应用于大气时，目前用得最多的是初始方程。实际上，用这个方程组做预报最成功的部分仍然是短期（1～3日）大范围形势预报，这种预报基本上考虑的是大气中的动力学过程。一旦时效超过3天，热力学方程的重要性就显露出来。由于目前人们对于大气中各种加热过程的了解还不够充分，表现在方程组中就是表达式很粗糙。这就是说，目前的初始方程仍然有些先天不足，因而时间一长就很难算准了。

对一个月以上的较长时期的气候预测，其理论基础应该建立在对于整个气候系统的认识上。在这方面，目前对于大气圈的了解虽然不够，但毕竟比对其他圈层的了解多一些。对于水圈的了解就要比大气圈差一些，对岩石圈、冰雪圈和生物圈的了解就更差一些了。至于对人类活动对气候的影响的认识以及对这种过程在预报模式中的描述，还只是处于初级阶段。

科学家们在研究大气运动特点的基础上，将流体力学原理用于大气科学研究，从而建立了动力气象学。现代数值天气预报方法就是以动力气象学为理论基础的。科学家们也想在研究大气运动特点（这种特点主要表现在大气运动在随机性方面的独有特性）的基础上，建立一门类似统计物理学的统计气象学。可惜，目前完整的统计气象学尚未建立。

因此，无论数值天气预报还是统计天气预报，目前还都受制于人们对大气运

动的规律性认识。此外，数值天气预报需要解方程组，统计天气预报需要设计计算公式，所有这些都有赖于计算数学和统计学。这两门学科虽已有了高度发展，但面对人们列出的微分方程组和大气科学的理论和实践，仍感难以胜任。因此，目前我们对大气运动过程已有的认识，仍然难以完全用计算数学和统计学方法再现出来。

复杂地形

"一山有四季，十里不同天。"一座山的天气气候差别真有那么大吗？在美国的西海岸山脉地区，迎风的一面是茂密的森林，而背风的一面是却是干旱的盐湖城沙漠。这是由于气流在迎风坡被迫抬升，抬升中气温降低，水汽凝结，往往出现大雨滂沱。有科学家将气流在迎风坡上降下的雨量形象地称为自然界收的"降雨税"。他表示，当气流越过山脊在背风坡下降时，由于交了重"税"，所以雨量极度减少，高大山脉背风坡山麓往往会出现"焚风"现象和沙漠景观。这表明，复杂地形会对大气气候产生较大影响，同时也让天气预报的难度不断提升。

世界脊梁改变全球气候。青藏高原位于我国西部，并占我国陆地面积的四分之一，平均高度可达对流层中层，被称为"世界屋脊"。其独特而复杂的地形特征使其在全球大气环流、能量和水分循环中具有非常重要而特殊的作用，对我国大部地区乃至区域和全球的天气气候都会产生重要影响。青藏高原上面还有昆仑山、珠穆朗玛峰和横断山脉等，这也会对青藏高原上的天气系统产生影响，决定

了高原上的天气系统也十分复杂。

局部地形带来风云变幻。2012年北京"7·21"特大暴雨过程中，多山的房山区13—14时出现了87毫米的强降水。但朝阳区东北部则只是象征性地下了一点点雨，以致第二天新闻媒体报道发生了特大暴雨灾害时，部分朝阳群众大感不解。

为什么会出现如此大的差别？让我们看一看北京的地形（图4-1）。北京的地形呈簸箕形，房山区位于西山东麓，而朝阳区所在的中心城区在平原上。山区和平原雨量差别如此之大，给预报带来了很大的困难。加上上文提到的观测资料精度有限，无法做到太精细的预报。因此气象台预报局地有暴雨时，第二天山区的居民抱怨雨量报得太小，而平原上的居民则大骂气象台小题大做。

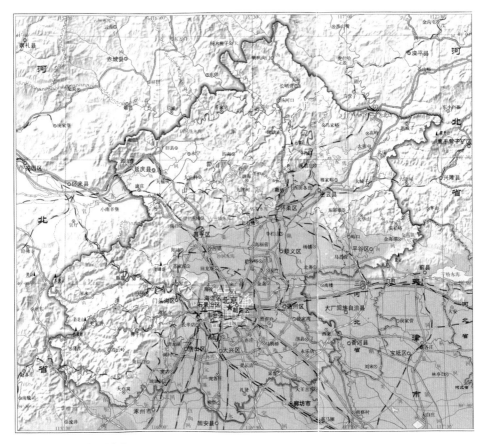

图 4-1　北京地形地貌图

除了山地会对天气气候产生影响外，其他复杂地形对天气系统的影响也不容轻视。

每到冬天，新疆乌鲁木齐的上空总会被浓雾笼罩，而且每年冬季出现浓雾的平均日数均在 10 天左右。这种持续时间长、能见度低的大雾，对交通和市民生活带来不利影响。

大雾为何对乌鲁木齐"情有独钟"？这与准噶尔盆地地形密不可分。每到冬季，当准噶尔盆地受到外来天气系统影响出现降雪天气时，盆地内的积雪反射太阳光，加速了盆地冬季稳定逆温层（在对流层里气温通常随高度下降，而当出现气温随高度上升的情况时，就称为逆温）的形成，使得积雪盆地的温度明显低于周围地区，从而形成了准噶尔盆地持续的冬雾。

不确定性

大气的初始观测资料不可能完全准确，这势必影响到天气预报的准确度。如果由此造成的后果在可控范围内，那就好了，预报结果就可以应用。然而，十分不幸，描写大气运动过程的方程对初值十分敏感。往往初值误差失之毫厘，预报结果差之千里。

这是怎么回事呢？原来这跟大气运动的内在随机性有关，也就是和混沌现象有关。什么是混沌现象呢？这得从所谓的蝴蝶效应说起。

蝴蝶效应来源于美国气象学家洛伦兹（Lorenz）20 世纪 60 年代初的发现。在《混沌学传奇》与《分形论——奇异性探索》等书中皆有这样的描述：1961年冬季的一天，洛伦兹在皇家麦克比型计算机上进行关于天气预报的计算。为了预报天气，他用计算机求解描述地球大气的 13 个方程式。为了考察一个很长的序列，他走了一条捷径，没有令计算机从头运行，而是从中途开始。他把上次的输出结果直接打入作为计算的初值，但省略了小数部分。一小时后发生了出乎意料的事，他发现天气变化同上一次的模式偏离甚

爱德华·诺顿·洛伦兹（Edward Norton Lorenz, 1917—2008 年），美国气象学家，混沌理论之父，蝴蝶效应的发现者

远，在短时间内，相似性完全消失了。进一步的计算表明，输入的细微差异可能很快造成输出的巨大差别。计算机没有毛病，于是，洛伦兹认定，他发现了新的现象：初始值的极端不稳定性，即混沌现象，又称蝴蝶效应。好比亚洲蝴蝶拍拍翅膀，将使美洲几个月后出现比狂风还厉害的龙卷风！这个发现非同小可，以致许多人无法理解，几家科学杂志也都拒登他的文章，认为"违背常理"：相近的初值代入确定的方程，结果也应相近才对，怎么能大大远离呢！蝴蝶效应的原因在于：蝴蝶翅膀的运动，导致其身边的空气系统发生变化，并引起微弱气流的产生，而微弱气流的产生又会引起它四周空气或其他系统产生相应的变化，由此引起连锁反应，最终导致其他系统的极大变化。蝴蝶效应说明，对于数值天气预报而言，初值的微小差异可以导致预报结果的巨大差别。

图 4-2 是洛伦兹的计算结果，你看像不像一只蝴蝶？

混沌现象是一种非线性的表现。线性，指量与量之间按比例、成直线的关系，在空间和时间上代表规则和光滑的运动。而非线性则指不按比例、不成直线的关系，代表不规则的运动和突变。如问：两个眼睛的视敏度是一个眼睛的几倍？很容易想到的是 2 倍，可实际是 6 ～ 10 倍！这就是非线性。

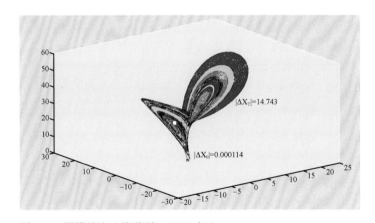

图 4-2　蝴蝶效应（洛伦兹，1965 年）

预报天气的数学物理方程是非线性的。这种方程是确定性的，但是它的计算结果又具有一定的随机性。我们把这种随机性叫作非线性系统的内在随机性。这种内在随机性，因洛伦兹的发现，被普遍叫作混沌或蝴蝶效应。

现在我们可以给出混沌的定义，混沌就是指发生在确定性系统中的随机的不规则运动，一个确定性理论描述的系统，其行为却表现为不确定性、不可重复、不可预测。进一步研究表明，混沌是非线性动力系统的固有特性，是非线性系统普遍存在的现象。在现实生活和实际工程技术问题中，混沌是无处不在的。牛顿确定性理论能够完美处理的多为线性系统，而线性系统大多是由非线性系统简化来的。

天气系统的不确定性，其最基本的原因是系统的混沌行为。混沌意味着，差异极小的两个初始场可以发展成大相径庭的状态。而天气预报中初始状态来自观测，总是会有某些误差，哪怕是很小的误差。

除了内在随机性，大气运动还受到各种因素的外在干扰，如城市热岛、温室效应以及错综复杂的地形地貌特征，这些都是影响大气运动的外在随机性。它们千变万化，无时无刻不在影响大气的行为，使大气运动呈现不确定性。

内在和外在随机性同时影响预报的精度，于是预报的难度就增大了很多。我们虽然可以用统计学理论加以描述，但与随机性的实际特征相比，相应的统计学理论仍然显得比较苍白。随机性的特点之一就是它的非周期性，这使所有基于周期性的预报方法黯然失色。

果真如此，数值天气预报还能做么？仍然可以做。理论研究证明，在随机性的多重影响下，在任何观测和模式的基础上，预测结果往往不是也不应该是单一的值，而是一系列结果的集合或分布。虽然我们不可能预报未来天气的细节，但我们仍然能通过计算和评估得到未来的大致轮廓，也就是它的大致情况，即各种不同状态的概率，从而从总体上把握未来天气变化的总体规律。当然，理论上的某种"最佳"结果或者是概率最大结果，并不表示未来状态一定如此。从这一点上看，天气预报的发布还是以给出各种可能性的概率预报为好。应用任何一种预测结果，都是要担风险的。因为大气运动包含着各种尺度的运动，以及各种运动间的相互作用，这使得天气气候预测的不确定性永远存在。

忽视经验

忽视经验是影响当前天气预报准确率的一个因素，而且是个值得重视的因素。

二十世纪五六十年代，我国天气预报准确率尚不够高，数值天气预报还没有在业务预报中普遍应用，计算机也还没有普及，因此预报员主要靠看天气图和组织天气会商做天气预报。在会上大家把自己对天气图上所反映的天气变化过程的分析相互交流，经过讨论得出对未来天气的预报意见并向外界发布。预报员在气象站日复一日地看天气图，工作时间越长，预报经验就越丰富。因此老预报员成为气象台的中坚力量。

随着科学的发展，数值天气预报和统计天气预报在业务预报中普遍应用，再加上计算机的普及，气象台的工作发生了翻天覆地的变化。现在天气预报员人手一台电脑，只要轻点鼠标，就可以调出国内外气象台的天气图、数值天气预报和统计天气预报，也可以自己把资料输入电脑，得出自己的统计预报模式结果。一台电脑，什么问题都解决了，再也不用整天看天气图了。长此以往，大家做预报时只要讨论由电脑上的资料得出的结论就行了，自然就把通过长期看天气图来积累经验这件事淡忘了。这种情况的出现有它的时代特征，当然也无可厚非。现在我们要问的是，这种情况对预报水平的提高有利吗？我们认为，忽视经验是影响当前天气预报准确率的一个因素。让我们举几个例子。

例一，1990 年 9 月 22 日至 10 月 7 日，北京成功地举办了第 11 届亚运会。火炬点燃、彩排、预演、艺术节、开幕、闭幕式均需要气象保障。气象部门全力以赴，常规气象观测、常规气象预报、气象卫星、天气雷达、自动气象站、计算机网络、现场特别服务一齐上，打了一个气象保障工作的漂亮仗。开幕式那天，北京周围都下雨，偏偏北京不下，你说预报有多难，但气象部门硬是报准

了，出尽了风头。据了解，亚运会当天，北京市气象台除了动用一切现代化的预报手段外，还特别请来了三位老预报员，这三位老同志在参考现代化的预报手段的预报结果外，还一直盯着雷达屏幕不放，硬是把当天北京不下雨给报出来了。

例二，2008 年北京奥运会时，北京市气象局再次请几位老预报员出山，他们的丰富经验在提高预报准确率方面发挥了重要作用。

2008 年 8 月 8 日，奥运会开幕式期间，北京市气象局领导与业务人员坚守服务一线

　　最后，2008 年我国南方遭遇大范围冰雪灾害。图 4-3 是 1 月 11 日—12 日 24 小时降水预报图和相应的实测结果。由图可见，预报图上雨量分布的态势与实测分布大致一致，10 毫米以上的范围与实测也有一定的可比性，但 25 毫米以上的范围与实测有较大的差距。图 4-4 是 1 月 10—16 日、1 月 18—22 日、1 月 25—28 日、1 月 31 日—2 月 2 日预报员和数值预报模式对小雨、中雨和大雨预报的检验结果。可见，预报员对数值预报做经验订正能提高预报效果。因此，预报员不能做数值预报的奴隶，要在数值预报基础上做加法。

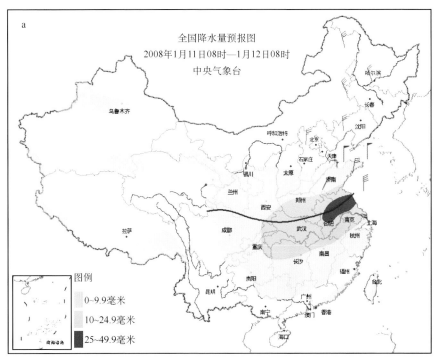

a

全国降水量预报图
2008年1月11日08时—1月12日08时
中央气象台

图例
　0~9.9毫米
　10~24.9毫米
　25~49.9毫米

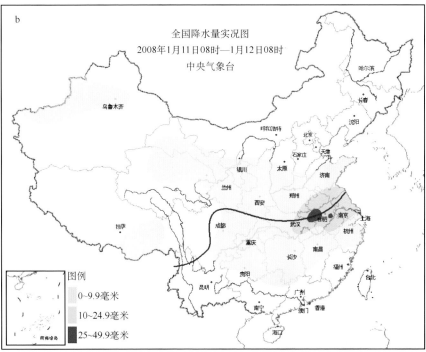

b

全国降水量实况图
2008年1月11日08时—1月12日08时
中央气象台

图例
　0~9.9毫米
　10~24.9毫米
　25~49.9毫米

图4-3　2008年1月11日08时至1月12日08时的降水量图
a.24小时预报图；b.相应的实测结果。

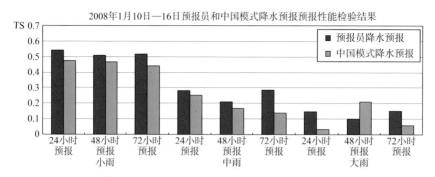

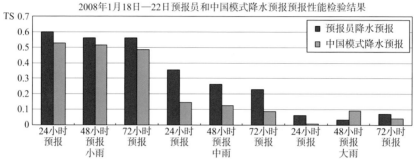

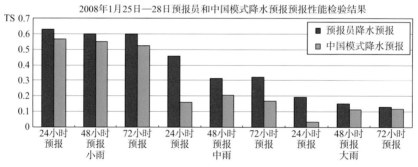

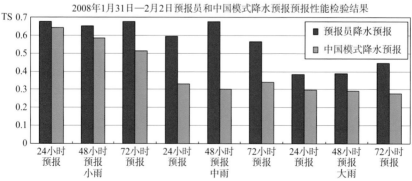

图4-4　2008年1月我国冰雪灾害期间预报员和中国数值预报模式对小雨、中雨和大雨预报的检验结果

预报员对数值预报做经验订正以提高预报效果，是当前气象台发挥人的经验在业务预报中的作用的一种方法。北京市气象台就专门做过这样的研究。他们把数值预报的历史资料和实际观测结果做了统计，得出了数值预报在不同情况下的误差，用于对数值预报的经验订正，取得了很好的效果。因此，我们认为，预报员应当多分析每一次预报的得失，积累直接的预报经验，提高业务素质，以提高天气预报的准确率。工作经验可以弥补理论素养的不足，也可以把那些目前还难以解释但确为经验所证实的规律用于预报之中。当然，这种经验仍难免有肤浅之嫌，因为它毕竟还未达到规律性的高度，因此应去粗取精。

这里，我们想引述一段著名经济学家凯恩斯 1933 年在剑桥大学对他的学生所说的话。他说："经济学家所知道的总是比他能够说出的多。"又说："当你采用完全精确的语言时，你就是试图在没有思想能力的人们面前表达自己的思想。"现在我们可以这样说，人们关于天气过程的知识可以分为三部分：第一部分是已知的关于天气过程的动力学知识，这些知识可以写成动力学方程并且可以用于建立数值预报模式。这就是凯恩斯所说的采用完全精确的语言表述的那一部分。第二部分是通过分析资料得出的关于天气过程的统计规律。这些知识可以用于建立天气预报的统计学模式，这一部分常被说成是缺乏物理基础的，因而是不够科学的。实际上大气运动有它由动力学方程描述的确定性的一面，也有它由统计学模式描述的不确定性的一面，就是它以概率形式展示的一面。这两面好像一个硬币的两面，两面合在一起才能全面展示大气运动的面貌。但不管怎么说，人们总结出来的统计学模式要受到所用资料的制约，他们表现的是大气中各种现象之间的一种数学关系，尚不能从本质上说明大气运动的内在规律。因此，这一部分可以看成如凯恩斯所说的"能够说出的"。第三部分就是人们在与大气打交道和在从事日常预报工作时积累的经验。有些我们可以用统计学模式表达，也可以算是凯恩斯所说的"能够说出的"知识；另一些纯粹是经验，那就是凯恩斯所说的我们"所知道的"那部分知识了。由此可见，动力学方程是我们关于天气过程的知识中最成熟的部分，统计学模式所表达的是其中不够成熟的部分，而经验所表达的则是其中最不成熟的部分。经验所表达的之所以最不成熟，是因为它的内容太丰富了，我们目前还难以用精确的语言表达。统计学模式所表达的是动力学方程包容不了的部分，因而比动力学方程所表达的要丰富得多；经验所表达的则是统计学模式和动力学方程两者都包容不了的。因此，我们在努力发展动力学模式的同时，永远不能轻视统计学模式，更不能轻视经验。况且，在使用统计学模式和动力学模式时也是需要不断创新不断总结经验的。否则，就只能躺在前人的成果上睡大觉了。

在这里，我们还想说一件事，那就是，为了充分发挥经验在天气预报中的作用，应当加强对天气谚语的研究，从中吸取对提高天气预报有用的信息，因为它是我国人民千百年来看天经验的总结。

不均匀性

降水预报一直是天气预报中的薄弱项目。即使天气预报员准确捕捉到一次降水过程，但某些地区还是可能会出现漏报或空报的情况。曾有网友调侃说："什么时候容易下雨？不带伞的时候容易下雨，预报不下雨的时候容易下雨。"这是因为大气系统里的降水是不均匀的，就好像往地上泼一盆水，水都是不均匀地落在地面上，会有被淋湿的地方，也会有没被淋到的地方。降水的实际落区也会与预计的落区有所差异，这就是出现大范围降水过程中局地可能会出现漏报与空报的原因。预报员想判断哪几个点是最大的落水点，是难上加难的事。

与用户的互动交流不够

天气气候预测不是为了预测而预测，而是为了使用。

为使天气气候预测成为有效的决策基础，一方面必须加强对天气和气候系统本身的研究，使得预测所赖以进行的理论基础更加完善；另一方面则需要气象台

和用户进行协作，充分发挥用户的经验，对各种可能的天气气候变化的风险及其应对措施进行评估，针对不同用户做出不同的预测报告，并加强预报后的跟踪服务。这些都可以部分弥补预报的缺憾。

各地预报准确率不同

世界各地由于气候条件、地理位置、地形地貌等种种差异，天气预报的难易程度是不同的。

我国属于季风气候地区，冬季、夏季季节明显，出现极端性天气的可能性大。与美国相比，在预报降水上，我国的难度更大，我国的暴雨预报准确率比美国要低5%左右。但是从预报龙卷来看，美国的难度要大一些。每年春末夏初是美国龙卷集中暴发期，经常出现的龙卷造成多人死亡，所到之处满目疮痍。据了解，目前美国对龙卷平均提前13分钟发出预警，如果能够提前20分钟预报，便是很难得的。若想达到提前24小时发出龙卷预警，还有很长的一段路要走。美国是2012年预报台风路径准确率最高的国家，中国与美国相差不多，比日本要高很多。

与世界先进水平相比，我国既懂业务、理论水平又高的人才短缺，预报理论上的突破存在困难，导致近几年来预报水平一直停滞不前。我国数值预报产品对国外依赖性较大。不过我国在提供专业气象服务，做好重大天气过程和重大活动气象保障服务等方面有着自己的特色，下了很多工夫，是其他国家所不及的。

做预报追求的三个方面：一是准确，二是及时，三是应用好预报。如今的天

气预报技术已由以单一的天气图经验预报为主转变为以数值预报产品为基础、多种观测资料综合应用的现代技术。对短期天气预报来说，探讨预报准确率可以围绕数值预报展开，因为短期天气预报的核心工具就是数值天气预报。数值预报的应用与发展带动了天气预报准确率的大幅提升。

天气预报看似简单，实际是一个浩大的系统工程。每个环节都存在某些不确定性，不可能每一次的预报结果都与实际一致。如何提高天气预报的准确率，现在仍是一个世界性的难题。因此，气象学家当然要竭尽全力捕捉大气的脾气，但预报员毕竟不是神仙，公众最好能够给予适当的理解和宽容。回顾数值预报的发展历史，你会发现一个规律——依靠科学家的创新，每一次方程的改变都会带来预报准确率的提升。

随着科学技术的不断进步，人们对大气的认识将不断加深，对准确率和时效性的追求也将永无止境。

参考文献

《大气科学辞典》编委会，1994.大气科学辞典［M］.北京：气象出版社.

梁必骐，1995.天气学教程［M］.北京：气象出版社.

娄伟平，诸晓明，张维祥，2006.水库调度预报服务风险分析及其应用［J］.气象科技，**34**：180-183.

仇永炎，1957.在一种寒潮情况下的水平温度场及冷锋构造［J］.气象学报，**28**：13-26.

叶笃正，严中伟，戴新刚，等，2006.未来的天气气候预测体系［J］.气象，**4**：3-8.

叶笃正，周家斌，2009.气象预报怎么做如何用［M］.北京：清华大学出版社.

张家诚，1988.气候与人类［M］.郑州：河南科学技术出版社.

《中国气象百科全书》总编委会，2016.中国气象百科全书［M］.北京：气象出版社.

Bjerknes J，Soberg H，1922. Life Cycle of Cyclone and Polar Front Theory of Atmospheric Circulation［J］.Geofys Publ，**3**(1).

Charney J G，Fjörtoft R，von Neumann J，1950. Numerical Intergration of the Barotropic Vorticity Equation［J］.Tellus，**2**：237-354.

Palmen E，Newton C W，1969. Atmospheric Circulation Systems［M］. New York：Academic Press.

附录　四问天气预报准确率

一问：突破技术瓶颈有多难？

（来源：中国气象报；发布时间：2013 年 6 月 25 日；记者：顾燕杰、刘成成、郭起豪）

在网上曾经流行一个句式：我再不相信……

当时最流行的两句话是"我再不相信爱情了"和"我再也不相信天气预报了"。第一句话并没有使我们逃避爱情，第二句话也没有让我们放弃天气预报。

可以说这是一个"天有不测风云"与"天有可测风云"并存的年代，在这个年代，大家一面抱怨预报不准，一面又越来越依赖它。

有这么一句话："天气预报就是八分把握加两分冒险，等于十分精彩或者十分可笑。"那八分把握从何说起？两分冒险又源于什么？

大气运动复杂多变

一只在南美洲亚马孙河流域热带雨林中的蝴蝶，偶尔扇动几下翅膀，可以在两周以后引起美国得克萨斯州的一场龙卷风。这是大家所熟知的"蝴蝶效应"，是关于混沌学的一个比喻，最初由美国气象学家爱德华·罗伦兹提出。"大气运动本身是复杂多变的。混沌现象就是当人们从大气运动的初始状态出发计算未来大气状况时，初始状态微小差异会使后来的演变结果大相径庭。这种现象可以称之为大气的内在随机性。"中国科学院院士叶笃正解释道。内在随机性使得人们对于未来大气运动的描述不可能做到精雕细刻。

"天气气候预测不确定性的最基本原因是系统的混沌行为。混沌意味着，差异极小的两个初始场可以发展成大相径庭的状态。而天气预测中初始状态来自观测，总是会有某些误差，哪怕是很小的误差。"中国科学院大气物理研究所研究员周家斌持相同意见。

除了自身的随机性，大气运动受到各种因素的外在干扰，如城市热岛、温室效应以及错综复杂的地形地貌特征。这些都是影响大气运动的外在随机性，成为"无数扇动的蝴蝶翅膀"。"开始是失之毫厘，后面就是差之千里。内在和外在随机性同时影响预报的精度，当然预报的难度就增大了很多。"周家斌介绍说。

在随机性的多重影响下，预测结果往往不是也不应该是单一的值，而是一系列结果的集合或分布。理论上的某种"最佳"结果或者是概率最大结果，并不表示未来状态一定如此。应用任何一种预测结果，都是要担风险的。"这是因为大气运动包含着各种尺度的运动，同时各种运动间相互作用。人们对大气的认识是不断加深的，也是永无止境的。"北京市气象台首席预报员孙继松感慨道。

天气气候预测水平近年来已有很大提高，但预测总还有一定的不确定性。这种不确定性一部分原因是大气运动的混沌多变，另一个原因是人们对于天气气候系统及其影响因了的认识不够全面。"天气变化涉及复杂的物理、化学和生态过程，而目前人们对这些过程的了解还很不深入，又难以全用数学物理方法加以描述。目前人们使用的数学物理方程，还难以全面反映大气运动的规律。"叶笃正说。

正是由于人们还难以完全掌握大气运动的发展规律，在用来描述大气运动的方程中，也存在一定的不确定性。

天气预报技术还很年轻

在科技还未发达的古代，人们通过观察天象、寻找规律，有了诸多预测天气的经验，至今已有几千年的历史。但是，建立在现代科学基础上的天气预报只有百余年的历史，特别是以数值预报为代表的现代天气预测方法的建立只有几十年时间。"在短暂的时间里，人们对于很多天气现象发生、演变的内在机理和规律并未完全掌握。今后需要加大科研力度。"西藏自治区气象台台长假拉告诉记者。

中国工程院院士李泽椿认为："探讨预报准确率可以围绕数值预报展开。因为天气预报的核心工具就是数值天气预报。"如今的天气预报技术已由单一的天气图经验预报转变为以数值预报产品为基础、多种观测资料综合应用的现代技术。

周家斌说："翻看数值预报的发展历史，你会发现一个规律——依靠科学家的创新，每一次方程的改变都会带来预报准确率的提升。"

数值天气预报是以气象观测资料为初值条件，通过巨型计算机进行数值计算，再用流体力学和热力学的方程组进行求解，进而预测未来一定时段的大气运动状态。"我们对大气运动中的规律尚未全然知晓，设计的任何方程只能求近似值。初始的观测数据除了不完全准确外，还有不完整的问题，例如青藏高原的观测资料很少。"李泽椿打了这样的比方：将数值预报计算网格缩小一半，即对更小尺度进行运算，计算量约增加16倍。但在运算中，一些类似于地形等的信息依然难以充分表达，大气运动的物理过程细节不能很好表现，必须依靠天气预报员再次订正。所以说数值预报并不是万能的。

"数值预报的应用与发展带动了天气预报准确率的大幅提升，然而我国数值预报产品对国外依赖性大，所以与世界先进水平相比，我国天气预报准确率还是有差距的。"中国气象科学研究院副院长赵平说。

降水预报一直是预报技术的薄弱项目。即使天气预报员准确捕捉到一轮降水过程，但某些地区还是可能会出现漏报或空报的情况。中央气象台首席预报员马学款说，这是因为大气系统里的降水是不均匀的。他把降水过程比喻成一盆往外泼的水，通常泼出去的水都是不均匀地落在地面上，会有被淋湿的地方，也会有没被淋到的地方，实际的落区也会与预计的落区有所差异。这就是出现大范围降水过程中局地可能会出现漏报与空报的原因。预报员想判断哪几个点是最大的落水点，会难上加难。

马学款说："预报员不能做数值预报的奴隶，要在数值预报基础上做加法。"

提高准确率是世界性难题

每年春末夏初是美国龙卷集中暴发期，前不久接连出现的龙卷造成多人死亡，所到之处满目疮痍。目前，美国对龙卷平均提前13分钟发出预警，如果能够提前20分钟预报，便是很难得的。若想达到提前24小时发出龙卷预警，还有很长的一段路要走。

世界各地由于气候条件、地理位置、地形地貌等种种差异，天气预报的难易程度是不同的。"我国属于季风气候地区，冬季、夏季季节明显，出现极端性天气的可能性大。与美国相比，在预报降水上，我国的难度要大，我国的暴雨预报准确率比美国要低5%左右；但是从预报龙卷来看，美国的难度要大。"中央气象台台长毕宝贵举例告诉记者，各国预报的"国情"是不同的。

北京大学物理学院大气与海洋科学系教授张庆红为记者提供了一组有关2012年台风路径准确率的对比图。可以清晰地看到，美国是2012年预报台风路径准确率最高的国家，中国与美国相差不多，比日本要高很多。

"天气预报看似简单，实际是一个浩大的系统工程。每个环节都存在某些不确定性，每一次预报结果不可能都与实际一致。提高天气预报的准确率，现在仍是一个世界性的难题。"毕宝贵说。

"未来天气预报准确率达到 100% 是不现实的。"中国科学院大气物理研究所研究员段安民坦言。

"我认为不能简单回答预报准确率是多少。"李泽椿提出自己的观点，"我们做预报追求的是三个方面，一是准确，二是及时，三是应用好预报。我国在提供专业气象服务、做好重大天气过程和重大活动气象保障服务等方面有着自己的特色，下了很多工夫，这是国外所不及的。我们所有预报都是着眼于满足群众的需要，满足经济发展的需要，这非常重要。"

"预报后的跟踪服务很重要，可以弥补预报的缺憾。"赵平说。

"为使天气气候预测成为有效的决策基础，一方面必须加强对天气和气候系统本身的研究，使得预测所赖以进行的理论基础更加完善；另一方面则需要气象台和用户进行协作，对各种可能的天气气候变化的风险及其应对措施进行评估，针对不同用户做出不同的预测报告。"叶笃正对未来的天气气候预测体系提出了自己的设想。

大气神秘不可测，人们对大气运动机理的认识有限；数值预报还很年轻；观测网络还做不到"疏而不漏"；预报员水平有差异……这些都会造成天气预报不准确。其中，技术始终是制约天气预报准确率提高的瓶颈。人类需要不断用先进的技术擦亮双眼，揭开大气的面纱，一探其真面目。

二问：地形对精准预报影响有多大？

（来源：中国气象报；发布时间：2013 年 6 月 26 日；记者：刘成成、田惠平、查日）

"一山有四季，十里不同天。"一座山的天气气候差别真有那么大吗？我国横断山脉的东西部气候差异就非常典型，西部受西南季风影响多地形雨，山脉西侧缅甸密支那平原上年雨量 1 600 毫米左右，但山脉东侧金沙江河谷中的奔子栏却仅有 245 毫米，相当于沙漠地区的雨量。

中国气象科学研究院研究员林之光将气流在迎风坡上降下的雨量形象地称为自然界收的"降雨税"。他表示，当气流越过山脊在背风坡下降时，由于交了"重税"，所以雨量极度减少，高大山脉背风坡山麓往往会出现"焚风"现象和沙漠景观。

这表明，复杂地形会对天气气候产生较大影响，同时也让天气预报的难度不断提升。中国气象局副局长宇如聪表示，中国国土面积大，地形也比较复杂，天气不好预测，难度很大。

世界脊梁"身高"，改变全球天气气候

6月9日，重庆遭遇62年来单日最大暴雨袭击。在璧山石堰雨量站监测到最大雨量为231.3毫米，接近特大暴雨标准。

"暴雨来势凶猛是由于高原槽东移，致使冷空气进入四川盆地，同时四川盆地东部热力不稳定能量累积，加上中低层偏南水汽输送充足，上湿下干的条件有利于强对流天气的发生。"这是重庆市气象台预报员蒋镇的解释。

然而，"高原槽东移""四川盆地热力不稳定能量"等术语，对于公众而言十分陌生。其实，这些术语可以简单地解释为：大气运动在遭遇青藏高原和四川盆地这两个大的地形时，形成了有利于强对流天气发生的气象条件。

"6·9"重庆单日最大暴雨受高原天气系统影响并非孤例。中国气象科学研究院副院长赵平在接受采访时表示，高原天气系统常对我国中东部地区造成影响，比如6月7日至8日，中东部地区出现的强对流天气也与西南低涡有关，而西南低涡就是西南季风绕过青藏高原，在高原特有的热力和动力作用下形成的。

青藏高原位于我国西部，占我国陆地面积四分之一，平均高度可达对流层中层，被称为"世界屋脊"。其独特而复杂的地形特征使其在全球大气环流、能量循环和水分循环中具有非常重要而特殊作用，会对我国大部地区乃至区域和全球天气气候产生重要影响。

"青藏高原由于其地形比较突出，加上我国处于西风带，因此，它既是高原天气系统形成的热力源，又是动力源。"中国气象局气象干部培训学院教授俞小鼎说，由于地势较高，青藏高原受到太阳辐射后温度上升，尤其是在夏天，温度较高的青藏高原便成为高空大气环流的热力源；而动力源主要是指当气流经过青藏高原时，要么从上面越过并被加热，要么从旁边绕流过去形成天气系统（如西南涡等）。这些都造成整个大气环流形势十分复杂。

"青藏高原上面还有昆仑山、珠穆朗玛峰和横断山等，这也会对青藏高原上的天气系统产生影响。"俞小鼎说。这也意味着青藏高原不仅以其"挺拔的身高"

对我国其他区域的大气环流形势造成影响，而且高原上的天气系统也十分复杂。

目前，天气预报技术的核心是数值预报。但赵平表示，以现在数值预报模式的水平，很难处理像青藏高原这样的大地形。"数值预报取决于对大气物理过程的认识水平。同样是离地面 5 千米高的位置，长江中下游地面上空 5 千米高度的大气温度比高原要低很多。这是由于高原的平均高度在 4 千米左右，在太阳辐射影响下表面温度要高于平原上空同高度的温度，由此形成高原一系列独特的物理过程现象。因此，在平原上数值预报模式可以报得较准，但拿到高原上便失效了。"赵平说。

局部地形，让风云变幻更诡秘

面对媒体采访，北京市气象台台长乔林给出的解释是："北方南下的冷空气和强盛的西南暖湿气流在华北一带剧烈交汇，从而产生了强降雨。"同时，他提出，特殊地形对这次天气过程起了"推波助澜"作用——西部和北部环山的地形，使被堵截的气流更加"勤奋"地做抬升运动。在这种情形下，一遇到冷空气活动，对流云团就即刻得到强烈发展。2012 年，北京"7·21"特大暴雨给人们留下伤痛的回忆。为何此次暴雨如此凶猛？

山地为什么会令天气过程更加复杂？"其实古人早就给出了答案。荀子说："积土为山，风雨兴焉。'有山的地方，大气环流变化就会十分复杂，天气预报的难度也会增加。"北京市气象台首席预报员孙继松说。

"大气是流动的，遇到山地地形时，气流不可能钻到地里面去，便很有可能爬升，随之凝结，然后会发生对流天气；而当气流下山的时候，气团被拉升后，温度也可能发生变化。一般来说，对平原进行天气预报难度稍小，山地更加复杂。"北京大学物理学院大气科学系教授张庆红表示。

而除了山地会对天气预报产生影响外，其他复杂地形的影响也不容轻视。

每到冬天，新疆乌鲁木齐的上空总会被浓雾笼罩，而且每年冬季出现浓雾的平均日数均在 10 天左右，对交通和市民生活带来不利影响。大雾为何对乌鲁木齐"情有独钟"？原新疆气象科学研究所所长张学文表示，这与准噶尔盆地地形密不可分。冬季，当准噶尔盆地受到外来天气系统影响出现降雪天气时，盆地内的积雪反射太阳光，加速了盆地冬季稳定逆温层的形成，使得积雪盆地的温度明显低于周围地区，从而形成了准噶尔盆地持续的冬雾。

张学文说，发源于西方的天气学最早启示的是天气系统的移动性，例如，气旋、锋面、台风等。但我国西部多山，在周围山体的影响下，移动性明显的天气系统在盆地受到限制，而盆地本身又形成自己特有的天气气候特色，对于预报来说，仍存在一定难度。如果要准确预报盆地天气，则需要淡化天气系统移动性的主导地位，再不断提炼和研究盆地气象特征。

与山地和盆地等地形相比，对平原地区的预报相对容易，但仍有许多预报人员未破解的"难题"。今年5月20日，造成美国俄克拉荷马州穆尔市24人丧命、120人受伤的龙卷，其发生便与该地的平原地形相关。俞小鼎表示，龙卷的形成既需要有暖湿空气交汇提供对流条件，又要求高空和低空都有强风，还需要有较平坦的地形。而美国平原区域多，地势平坦特殊的地理环境容易满足龙卷的形成条件。

在美国，龙卷警报平均时间为13分钟左右。"尽管龙卷的预报预警水平明显提高，但仍出现较大伤亡，这与预报'虚警率'较高有关系。"俞小鼎说。由于龙卷影响路径比较狭窄，而预警信息是对某一块区域进行预报。即使预报区域十分准确，但龙卷碰到某栋房子的概率比较低，受影响的可能只有5%或10%的人。因此，目前要完全实现天气预报的定时、定点、定量还有困难。

此外，特殊地形还让暴雨预报更加困难。在天气预报中，暴雨预报是世界性难题，即使是在美国等发达国家，对暴雨预报的准确率也仅达22%～23%。"特殊地形常常使暴雨不按常理出牌，突发局地暴雨自然让人猝不及防。不要说准确预报暴雨，即使'事后诸葛亮'，对一些罕见大暴雨还是无法解释其形成原因。这就是暴雨预报遭遇的现实尴尬和无奈。"中山大学大气科学系教授梁必骐说。

靠什么走出"困境"

数值天气预报，被称为科学与技术的完美结合和伟大创新。然而，"全球数值预报模式在预报青藏高原地区的天气时，都会出现报不准的情况，这也表明青藏高原的预报是世界性难题。"中央气象台台长毕宝贵说。

赵平认为，预报难度大的原因主要有三个方面：青藏高原气象观测资料的缺乏、数值预报模式中大地形难以很好地处理和高原上大气物理过程具有特殊性。

如果没有观测资料，数值预报所需要的"原材料"便无法满足，这好比"巧妇难为无米之炊"。而由于自然条件艰苦，据不完全统计，在青藏高原西部地区国家级地面观测站密度为每万平方千米 0.6 个，全国是 2.52 个；区域自动观测站密度是每万平方千米 1.76 个，而全国是 32.85 个。

西藏自治区气象台台长假拉称："西藏面积大约 120 万千米 ^{2}，但全区气象自动观测站却只有 150 多个，我国中东部地区的一个省可能都会有 2 000 多个自动站。"这意味着西藏地区的气象观测能力比中东部地区薄弱许多。

目前，第三次青藏高原大气科学试验即将启动。作为该试验项目首席科学家，赵平表示："青藏高原试验将提高高原气象资料加工处理水平，推动高原地区物理过程模式研发，深入认识青藏高原影响东亚灾害性天气和极端气候事件机理，以提高我国灾害性天气和极端气候事件预报预测能力。"这次试验还将构建高原及周边区域三维点—面结合的综合观测系统，改善高原观测资料不足的现状。

"中国天气预报中地形问题、在中国发生的天气系统物理过程问题、复杂地形资料同化问题，以及当地预报员经验积累问题，如果能够解决这四个问题，我国天气预报会更准确。"中国工程院院士李泽椿说，尤其是精细化预报，需要依靠当地预报员的经验。

对此，中国科学院大气物理研究所研究员周家斌持相同意见："地形复杂不仅仅存在于中国，每个国家都有。但中国的地形问题还是应该由我们自己来研究，比如北京燕山地形对天气预报的影响，直接照搬国外的预报模式，是很难'对症下药'的。"

三问：天气预报员压力有多大？

（来源：中国气象报社；发布时间：2013 年 6 月 27 日；记者：郭起豪）

预报有雷雨，结果雷也不见雨也不见；说上午有暴雨，结果天快黑了雨还没下来；看电视说东边有雨西边没雨，可东边没下西边下了……相应之，怨声、骂声四起——你们就知道瞎说！你们行不行，不行我来报！

每当预报失准，面对质疑和批评，天气预报员只能选择——或寻找下一次暴风雨来临前的"蛛丝马迹"查阅大量资料，花费大量时间，及时总结，把基本的原理、理论弄清楚、搞明白，再思考和再分析。

尽管在这一番努力后的结果可能是——"辛辛苦苦看一堆图表和数据，甚至彻夜难眠都在琢磨未来天气形势如何，结果你预报错了，有百姓随口一说结果却说对了。"事实上，预报员像医生一样，今天你能"妙手回春"，但明天你可能会"失手"出现"误诊"。

你预报对了，那是你应该的，很少有人记得你；你预报错了，大家都会嘲讽你，记住你——这便是预报员不得不面对的现实。但是，不管怎样，必须承认的是：预报员在准确预报中的作用是巨大的，且难以被取代。

不做"奴隶"做"主人"

在当今，预报员是以数值预报产品为基础，综合运用各种信息提出预报结果，数值预报优势颇为明显。因此，一些预报员在做预报时，优秀的数值预报模式对一些常规性天气也能预报出来。渐渐地，他们成了数值预报的"奴隶"，一旦离开数值预报就一筹莫展。

类似的现象，不只在中国常见，世界上其他国家也司空见惯。但是，必须清醒地认识到，盲目地依赖和使用数值预报产品是气象界的"癌症"。中国气象局副局长矫梅燕称，预报员跟着数值预报跑，那么其自然无法超越数值预报。

"预报员要做数值预报模式的主人，而不是数值预报模式的奴隶。"吉林省气象台首席预报员王晓明认为，在以数值预报模式为核心的现代技术快速发展的形式下，预报员在提高预报准确率和精细化水平中的关键性作用非但未被弱化，反而显得更加重要。

"在天气预报中，人的因素和数值模式都很重要。只有优秀的预报员和优秀的模式相互结合，才能有最好的预报结果。"中央气象台首席预报员杨贵名说。在美国，有这样一句话，"你也许没有 30 年的预报经验，但是你应该有一年 30 次的经历。"这就告诉大家，经验在天气预报中是非常重要的。

数值预报无论如何发展，也代替不了预报员，预报员在天气预报预测中的作用依然不容忽视。哪怕是世界上最先进的数值预报，都有这样那样的缺陷和不足。而要弥补这种缺陷和不足，就需要高水平的预报员。预报员的压力并没有因为有数值预报而减少，相反随着经济社会的不断发展而增大。

中国科学院院士周秀骥称，"数值预报在高水平预报员手中才能如虎添翼。"这只"虎"要在数值预报的基础上做"加法"。中央气象台首席预报员马学款称，要做好这个"加法"，必须有扎实的理论做支撑，对模式有深入了解，预报员才能判断模式优劣、合理释用模式、弥补模式不足，做到"知己知彼，有的放矢"。他认为，这样的预报员必须具备扎实的理论基础和实践应用能力，较高的综合分析和诊断能力，敏锐识别灾害天气和重要天气能力，较强的科研总结、提炼科学问题能力，以及对天气系统四维结构认识能力。

不过，目前预报员前端基础教育相对滞后。中央气象台台长毕宝贵坦言，"学习天气预报专业的毕业生不多，而学习数值预报的毕业生少之又少。此外，预报员入职后可以接受的高层次的预报培训依然有限。这会制约预报员的发展和预报精准度的提高。"

不怕指责怕干扰

"最近想跟同事翘个班。可郁闷的是，没人跟我翘班。"一位不愿意透露姓名的南方某省的预报员告诉记者。他工作不到三年，遇上复杂天气心里异常烦躁，最近他所在的地方强对流天气多发，这类天气"非常难缠"，担心预报错了丢脸。因此，他想和同事翘班，不是因为他家里有事，而是胆怯，想避开这个特殊时期。

有 20 多年预报经验的北京市气象台首席预报员孙继松认为，类似的翘班现象并不多，只是出现在少数年轻预报员身上。在大多数情况下，预报员都十分敬业，具有担当精神。

一些年轻预报员对于复杂天气预报发怵的深层次原因是什么呢？

孙继松认为，每次预报都像是高考。高考考生最多考三天，考完就可以放松；但预报员每天都在高考，明知在天气平稳时考不了满分，在天气复杂时考不及格。而每次考试阅卷人都不是一个，可能是全国人民，包括各级政府、各个行业和部门以及普通百姓。每个阅卷人水平都不同。有人认为对，有人认为错，有人认为乱七八糟，有人认为错误可以理解，有人认为结果错误但过程正确，有人认为不管过程如何只要结果错误都只能得零分。因此，每个阅卷人给出的分数都不一样。但不管如何，预报员必须每天接受考试。

"公众反馈会影响到预报员的判断。"著名气象主持人宋英杰认为，宁空勿漏，拿不准时多报点，不让它漏掉；如果漏掉，骂声更多，预报员会更狼狈。骂声在不同地方，反感程度、抱怨程度不一，会对预报员心理造成影响。台湾气象学者俞家忠曾用打油诗回顾自己的职业生涯："昨天暴雨今日晴，预报错了得骂名。可怜天气预报员，一生被骂上天庭。"

对此，北京大学大气科学系教授张庆红持相同意见。她说，台风即将登陆，预报员空报会造成不必要的浪费，人员撤离时要耗费财力。公众骂声太多会影响预报员心理。"准确预报是相对的，预报偏差是绝对的。应该理性地看待百姓对天气预报准确率和预报员的指责和谩骂。特别是从心理上不能有太多畏惧和胆怯，在做预报前不要去想预报失败的后果是什么。"孙继松说，这就像学生考试一样，有的学生平时考试都名列前茅，遇上高考就考得乱七八糟，原因在于心理负担过重。

没有若干年的磨炼，没有身经百战，没有高超的技术水平、过硬的心理素质和优良的工作作风，难以成为一个素质高的合格预报员。在孙继松看来，一个优秀预报员在复杂天气来临前应技术不走形，在突发性、极端性天气来临前应该预判这次天气是什么样的、影响有多大；同时，要对别人的评价"不关心"，即公众对你的评价不会影响到应有的科学判断。

在采访中，许多预报员并不害怕因为错报、空报而受人指责，怕的是预报受到干扰。一位预报员对记者说，有时会议太多，有时还要接受记者采访，有时还要承担其他任务，这些在无形中让预报员受到干扰。到过美国国家环境预报中心交流学习的中国预报员对那里安静、不受干扰的工作环境赞叹不已。在那儿，即使有新闻采访，记者都非常注意不去打扰预报员，因为有专人负责接待，记者只需拍摄画面。

不要背"包袱"，要自揭"伤疤"

"预报错了，尽管领导不批评，但总过不了自己心里的这道坎儿，要难过很长时间。"江西省气象台首席预报员许爱华的话，道出许多预报员的心声。当预报失败时，大多数预报员会通过做总结分析"伤疤"来"疗伤"，以避免今后犯同样的错误。

要不犯同样的错，谈何容易！中国工程院院士李泽椿说，预报员既要会看常见病，又要会看疑难病，有"疑难杂症"病例档案。

"对要对得清楚，错要错得明白。"孙继松坦言，报错了不可怕，可怕的是不知道错在哪儿。实实在在地总结预报失败的教训有利于提高预报的精准度。但是，如果只是走形式地总结预报失败的教训，看不清问题的症结，再花哨的总结都毫无意义。

"预报员应该学会'自揭伤疤',自发地总结预报失败个例。"孙继松认为,有时这样的总结不是一两天可以解决,可能需要更长时间,一年甚至好多年。但必须清楚的是:不是每一次天气过程都值得总结,也不是灾害重的天气才值得预报员总结。现今预报员已不可能成为天气预报的全才,正如医院里的一位医生不可能诊断和医治所有的病症,必须设立专科门诊,建立能够承担专家"门诊"的预报专家队伍。毕宝贵称,中央气象台和各地气象台已逐步建立专业预报团队,如暴雨、强对流、沙尘暴等预报团队。

当这些预报团队或者其他成员预报失准时,毕宝贵选择的是"不批评,以鼓励为主"。他解释说,预报员一旦报错,常常会自责。在每一次复杂天气来临前,要尽可能少的给预报员一种如临大敌的感觉。他们只有在轻松的情况下才能最大限度发挥潜能。

中国科学院大气物理研究所研究员周家斌说,必须卸下沉重的思想包袱,百姓对预报的需求无限,要卸下这个包袱自然很难。有预报员提议"多讲讲老一辈预报员的光荣传统""在精神上多鼓励,在工作生活条件上多照顾,在预报服务中多信任""要逐步改变将预报做得好的预报员提拔当行政领导的做法"……

这些方法是否奏效,谁也不好说。有预报员说:"关键还在于预报员自己,实际上不只是预报员,其实岗位不同压力不同。"但在实际生活中,我们听到的更多的是这样的故事:预报有雨时,预报员坐在屋外静静地等着;雨开始下,预报员的压力一下子释放出来,而一旦超过预报的量级,则又会变得紧张、沉默、郁闷。

四问:能否对预报失误多些宽容与理解?

(来源:中国气象报;发布时间:2013 年 6 月 28 日;记者:刘成成、张永)

随着科学技术的不断进步,虽然天气预报的准确率不断提升,但也不可能达到 100%,空报、漏报现象还时有发生。

"我们预报对了 99 次过程,没有人记得,但只要有一次预报错了,没有人会忘记!"接受记者采访的预报员不约而同地说,言语中透着些许无奈,还有些许的尴尬。他们期望公众能够对天气预报多了解一些,降低对预报准确率的期望值，对预报员多一些理解和宽容。

精准预报有赖于科技水平提高

"可以毫不讳言地讲，目前最完备的预测理论是天气预报理论。"北京市气象台首席预报员孙继松说。但他也坦言，预报要做到100%的准确，这几乎不可能。

"从理论上看，天气预报如同玩拼图，如果只有8个板块，可以拼出来的人很多，800块可以拼出来的人很少，但如果是8000万块，甚至更多，就算是神人也无法拼出来了。"孙继松说，"预报本身无法完全真实模拟大气运动。"

在预报技术方面，数值天气预报是核心工具。"由于我们对大气运动中的规律尚未全然知晓，数值预报模式中设计的任何方程只能是求得近似值。"中国工程院院士李泽椿说。此外，在数值预报模式中，一些类似于地形等的信息依然难以充分表达。

在天气预报制作方面，"制作中的'原料''加工场'和'产品检测包装'三道工序也决定了预报很难达到准确。"北京大学物理学院大气科学系教授张庆红称，构成"原料"的气象观测数据，由于观测仪器的误差可能导致数据不准确；将观测数据放入预报模式这个"加工厂"进行计算时，要用差分的方法，这也会引起计算的误差；最后进行"产品检测包装"的是预报员，但预报员还有人工分析在里面，也不能做到完全客观。

"我认为，要客观看待天气预报的准与不准。"黑龙江北安市赵光农场副场长苏兴俊说。他举了一个例子：去年夏天，农场利用喷灌设备浇地，正浇了一半，天气预报称明天农场所在的乡镇有雨。为利用雨水节省浇灌成本，农场的工作人员停止了对另一半地的浇灌。俗话说"夏雨隔牛背"，这雨偏偏下在了已经浇过水的地里，没浇水的那块地一滴雨水也没有。

"遇到这种情况，我们能说预报不准吗？主要因为预报水平还没有达到精细到某一亩地的水平。"苏兴俊说，"精准农业必须依靠精细化气象预报，而精细化预报还有赖于科技水平的提高。"

"尽管从科学上讲，天气预报不可能完全准确。但是我们不断努力朝着准确的方向走。"张庆红说。

"绝对准确"与"相对准确"

6月22日，北京市民赵璐趁周末去园博会游玩，出门前她特地查询天气预报，预报称"会有阵雨"。赵璐认为，阵雨不会持续太久，所以不用带雨伞。结果到了中午，雨哗哗地浇下来，把她全身都淋湿了。"预报太不准了，这明明是'大雨'，怎么能报阵雨呢？"赵璐对预报产生了质疑。

从北京市气象台监测看，22 日 03 时至 14 时降水量为：西南部较大，平均 8.4 毫米，最大雨量出现在房山白草畔，为 15 毫米，东南部平均 5.9 毫米，城区 5.3 毫米，全市 5.1 毫米；14 时至 20 时降水量为：东南部平均 0.4 毫米，西南部平均 0.2 毫米，最大雨量出现在房山白草畔，为 3 毫米。从实况看，"阵雨"的预报结论是准确的，而大雨级别是指 24 小时内出现的 25～49.9 毫米的降水。因此，赵璐认为的"大雨"级别并不准确。

为什么公众觉得预报不准？其中一方面的原因是公众的理解和气象部门的标准不同，公众以生活经验衡量天气预报，而气象工作者则以科学和专业标准为准绳，一旦沟通不当，便容易引起预报"不准"的误会。

中国气象科学研究院副院长赵平认为："准确应该分为绝对准确和相对准确。绝对准确目前是无法实现的，但相对准确的定义又该如何理解，还值得人们思考。"

"比如，天气预报称下午 5 点有雨，一个人下午 3 点出门，结果雨在 3 点 20 分开始下了，他会认为预报说得不准；但另一个人因为家里有事没有出门，在下午 5 点的时候发现下雨了，他会认为预报非常准。"赵平说。因此，准与不准主要在于公众需求。

"哪怕一万年后，天气预报也不一定能报准。"天气预报主持人宋英杰在接受媒体采访时，也曾表达相同看法。"因为准的标准在水涨船高。观众在 20 年前只要求知道'明天下雨吗'，现在即便把时间、区域和量级具体到'下班前后海淀区将有今年以来最大降雨'，也没有人说你准，因为大家会接着问，那什么时候停呢，哪里下得最大呢？"

"预报准确率不能笼统地提出，否则是不科学的。"李泽椿称，不同天气要素的预报能力存在较大差异，比如对于晴雨、降水、温度、冰雹等要素预报，温度由于是连续变化的要素，预报总有 3～4 ℃的误差，很难报准，而晴雨预报也分地方，比如北京的冬天，如果天天预报晴天，准确率也许可以达到 90%，而我国南方就不会有这么高。

其实，我国的天气预报准确率一直都在艰难提升：2012 年，我国台风路径预报误差首次低于 100 千米，达到近 5 年来误差最小；24 小时晴雨预报准确率为 86.5%，连续五年高于 85%；最高气温 24 小时预报准确率为 74.1%，最低气温预报准确率为 80.1%，均为历史最好水平。"对于这些要素的预报，简而言之，八成还是准确的。"宋英杰说。

理解与宽容比准与不准更重要

5 月 15 日至 16 日，广西恭城瑶族自治县遭受暴雨袭击。15 日 22 时，县气象局及时将暴雨橙色预警升级为红色预警。该局局长邓树荣在预警信息发出后直接拨打该县最可能出现大暴雨的龙虎乡乡长许小燕的电话。许小燕得到通知后，毫不犹豫地做出撤离群众的决定。

"我的房子被冲掉了大半，好险，如果乡里干部迟一分钟通知撤离，我这条命就完了。"龙虎乡龙虎街一居民庆幸地说。

尽管天气预报达不到 100% 准确，当灾害性天气来临时，可能导致社会应急做无用功，耗费人力财力，还容易引起公众"白防了"的抱怨，但"防患于未然"的思想却十分必要，因为即便空防也不会白防。对于公众来说，每一次防范，都是一次应对灾害的演练。

如何看待天气预报准与不准，这既需要气象部门以真诚的态度面对预报不准的问题，又需要公众能宽容和理解预报的失误。

6 月 26 日，河北省气象局官方微博发布一条题为"老天爷请你给我道歉"的信息："大家好，我是每天预报老天爷脾气的小北。今天我想通过这平台，让老天爷给我道歉，亲口告诉我没有 100% 报对的希望，我不想把自己耗下去。因为老天爷一直没有答应或否认我，让我一直心存希望，可做预报几十年了，至今没有 100% 准过，我都没勇气预报下去了，老天爷你要对我的青春埋单。"

有网友回复："我们该唠叨你们还是要唠叨的，你们该报还是要报。起码你们也准过，就是不准也八九不离十嘛。"

对公众而言，还存在如何利用天气预报信息的问题。我国 3 天以内的天气预报准确率较高。"十来天到一个月的天气预报最困难，超过 15 天就没有预报基础了。"中国科学院大气物理所研究员段安民称。

许多人只注意到前期的预报，往往忽略气象台在后期发布的滚动预报。宋英杰表示，比如在短时临近精细化的预报中，使用的地球同步轨道卫星云图，可以实现 15 分钟更新一次结果。公众通过网络、手机短信、微博等新渠道滚动获取气象信息也十分重要。

从某方面来说，公众对预报不准的宽容是推动预报研究的动力，因为科学的进步离不开人文精神和科学精神的支持。如果因为不准确，天气预报便成为大家指责的"众矢之的"，可能会让预报员产生"寒蝉效应"，为了避免"因言获罪"而不愿意继续冒险探索。因此，公众应该以"科学精神"看待预报不准的问题。